LA QUESTION

DES CONCOURS RÉGIONAUX

AGRICOLES

A PROPOS DE LA

PRIME D'HONNEUR

DE L'AVEYRON

Par un Cultivateur du Causse

DEUXIÈME ÉDITION

AUGMENTÉE D'UNE PRÉFACE ET D'UNE INTRODUCTION, PAR L'AUTEUR,

ET DE TROIS GRANDS ARTICLES SUR LE CONCOURS DE RODEZ

TIRÉS DU *Journal d'Agriculture pratique.*

> La lice n'est sérieusement et réellement ouverte
> qu'aux propriétaires ou fermiers de domaines sou-
> mis à une culture sagement dirigée, en rapport
> parfait avec les circonstances locales où elle se
> trouve placée, bien réglée dans ses dépenses et
> productive dans ses résultats.
>
> E. ROUHER.
> *(Circulaire ministérielle sur la Prime d'honneur.)*

PARIS

LIBRAIRIE AGRICOLE DE LA MAISON RUSTIQUE

RUE JACOB, 26.

1862.

LA QUESTION

DES

CONCOURS RÉGIONAUX AGRICOLES

LA QUESTION

DES CONCOURS RÉGIONAUX

AGRICOLES

A PROPOS DE LA

PRIME D'HONNEUR

DE L'AVEYRON

Par un Cultivateur du Causse

DEUXIÈME ÉDITION

AUGMENTÉE D'UNE PRÉFACE ET D'UNE INTRODUCTION, PAR L'AUTEUR,

ET DE TROIS GRANDS ARTICLES SUR LE CONCOURS DE RODEZ

TIRÉS DU *Journal d'Agriculture pratique.*

> La lice n'est sérieusement et réellement ouverte qu'aux propriétaires ou fermiers de domaines soumis à une culture sagement dirigée, en rapport parfait avec les circonstances locales où elle se trouve placée, bien réglée dans ses dépenses et productive dans ses résultats.
>
> E. ROUHER.
>
> *(Circulaire ministérielle sur la Prime d'honneur.*

PARIS

LIBRAIRIE AGRICOLE DE LA MAISON RUSTIQUE

RUE JACOB, 26.

1862

A LA SOCIÉTÉ CENTRALE D'AGRICULTURE DE L'AVEYRON

A la mémoire de ses Fondateurs

HOMMAGE DE PATRIOTIQUE VÉNÉRATION

L'AUTEUR

DEUX MOTS DE PRÉFACE.

Ce travail avait été écrit pour les habitants de l'Aveyron; mais on nous a fait observer que, par la nature de son sujet, il s'adresse à tous les cultivateurs français et à toutes les personnes qu. ont à cœur les intérêts de l'agriculture nationale. La faveur exceptionnelle avec laquelle il a été accueilli nous obligeant à le rééditer, c'est à l'attention et à la bienveillance du public agricole tout entier que notre publication ose, cette fois, se recommander.

En effet, la question que nous avons abordée est loin d'être purement locale. En soumettant à un examen critique les actes d'un certain jury de concours pour la Prime d'honneur, c'est l'institution elle-même que nous avons eu à examiner.

Cette institution est en soi un grand bienfait pour l'agriculture ; — honneur à ceux qui l'ont conçue et réalisée ! — mais elle a des imperfections, et il est urgent d'y porter remède. Heureux si notre humble plume de laboureur peut avoir contribué à un aussi désirable résultat !

INTRODUCTION

En venant de nouveau parler au public aveyronnais, notre premier devoir et notre première pensée, c'est de le remercier de l'appui moral qu'il nous a prêté avec tant d'empressement dans l'accomplissement de la délicate et pénible mission qui nous amenait devant lui il y a six mois. Cependant, écho de l'impression dont le pays était agité, nous ne pouvons nous approprier les éloges qui nous furent prodigués par lui : c'est à sa forte raison, c'est à son sentiment profond du droit, c'est à la susceptibilité traditionnelle de son vieil honneur rouergat, que ces éloges appartiennent. Maintenant disons à nos bienveil-

1.

lants et chers confrères quel motif nous contraint de prendre encore la parole sur un sujet aussi attristant pour nous tous.

Certes les débats où les personnalités sont en jeu nous sont on ne peut plus répulsifs ; mais nous avons pensé qu'il serait honteux de sacrifier à cette répugnance la défense de la moralité des concours agricoles, c'est-à-dire la défense de la première de toutes les industries, dont ces encouragements de l'État ont pour but d'activer l'essor.

La Commission régionale d'examen pour la Prime d'honneur ne compte, nous aimons à le croire, que des hommes bien intentionnés ; mais cette considération ne pouvait nous obliger à protéger de notre silence des actes d'une désastreuse impéritie qui menacent de se reproduire dans plusieurs départements voisins et d'y semer l'irritation et le dégoût à la place de l'émulation féconde que nos gouvernants s'évertuent à faire naître dans l'âme des cultivateurs.

Le lauréat de la Prime d'honneur du concours de Rodez est sans doute un très-galant homme ; il n'en est pas moins vrai que, dans l'opinion du pays et d'après toutes les apparences, les titres expressément indiqués par le Jury, dans son rapport, comme la raison déterminante de sa décision en faveur du propriétaire du Cluzel, sont des titres purement fictifs, purement imaginaires, n'ayant pas même l'ombre de la réalité. Après avoir mis hors de cause la bonne foi du lauréat et celle de ses juges, nous avons dit les motifs qui nous portaient à croire que la Commission d'examen, négligeant d'examiner les livres de l'exploitation, s'était laissé fourvoyer par une déclaration erronée du concurrent. Il nous appartenait, sans contredit, de prier poliment M. de Monseignat, au cas où l'opinion publique s'était égarée, de vouloir bien, par l'exhibition d'un témoignage authentique, la tirer d'une erreur qui n'est pas seulement fâcheuse pour lui-même, mais qui atteint surtout le caractère des membres de la Commission et la dignité de l'autorité supérieure dont ils étaient les mandataires. Au contraire, si ce n'était pas le public qui errait, mais bien M. de Monseignat qui s'était trompé en faisant ses comptes ; en d'autres termes, si la récompense du cultivateur le plus habile et le plus sage se trouvait entre les mains de l'honorable lauréat uniquement par la grâce d'une méprise de comptabilité qui lui aurait fait confondre le chiffre des pertes avec le chiffre des profits, incontestablement il convenait de révéler à notre confrère une situation aussi anormale afin qu'il en sortît au plus vite pour le bien de sa propre considération et pour le bien de l'équité.

Quand, sous l'empire de ces réflexions, nous nous sommes décidé à élever la voix au lendemain du concours de Rodez, nous avons annoncé que, si notre réclamation n'était pas entendue, nous insisterions. Y a-t-il lieu pour nous à remplir cette promesse conditionnelle ? La lecture d'un petit écrit qui vient de passer sous nos yeux peut servir à dissiper le doute sur ce point. Le voici :

ENCORE UN MOT

SUR LA

PRIME D'HONNEUR DE L'AVEYRON.

« Il y a six mois, une brochure paraissant sous ce titre : *L'Agriculture aveyronnaise devant le Jury du concours pour la Prime d'honneur*, était accueillie dans le département de l'Aveyron avec les démonstrations d'une chaleureuse et unanime sympathie. A quoi devait-elle une faveur si rare? Simplement à ce que chacun était heureux de rencontrer dans cette publication une voix exprimant tout haut, avec force, avec netteté, et aussi avec convenance, l'émotion publique, la pénible émotion qui pesait sur tous les esprits et qui s'aggravait encore de ne pouvoir se faire jour.

» La grande prime régionale destinée à signaler aux agriculteurs du pays celui d'entre eux qui, par le succès de sa pratique, s'était montré le plus digne de servir de modèle à ses confrères, la Prime d'honneur avait été attribuée à M. de Monseignat. Quels étaient donc les titres qui lui avaient valu l'avantage sur tant de praticiens en renom dont le département s'honore? Ces titres se résumaient en un fait capital nettement affirmé et énoncé en ces termes dans le rapport du Jury : « M. de Monseignat a triplé le revenu de sa pro-» priété. »

» Or, sachez-le bien, ô lecteur, si du haut de l'estrade d'où le Jury venait de faire entendre cette déclaration solennelle il se fût avisé de proclamer de par son autorité qu'il était nuit en plein midi, ou que la tour de Notre-Dame de Rodez reposait, non sur sa base, mais sur son sommet, la stupéfaction de la foule n'eût pas été plus grande ! En effet, une opinion jusqu'alors universelle et sans contradicteurs, c'est que l'exploitation de M. de Monseignat, loin de donner un bénéfice quelconque, s'était montrée onéreuse et ruineuse au premier chef. On était donc quelque part dans une erreur vraiment monstrueuse : était-ce du côté des Aveyronnais? était-ce côté du Jury régional ? La question valait la peine d'être éclaircie ; le pays, du moins, jugea qu'il y allait de son honneur, et la brochure dont nous avons parlé vint répondre à ce besoin. Contentons-nous d'en rappeler ici l'une des conclusions principales. Après avoir, à l'aide de documents divers, dressé le bilan agricole de M. de Monseignat d'une manière approximative, l'auteur continuait ainsi :

« Si le résultat lamentable qui vient d'être dégagé par le calcul n'est qu'une erreur de notre part, une erreur fruit de l'inexplicable inexactitude d'une foule de renseignements puisés aux meilleures sources et d'une concordance parfaite ; autrement dit, si M. de Monseignat, au lieu d'en être arrivé à ce point, qu'après avoir dépensé trente ans d'efforts et une portion considérable d'une grande fortune pour fonder la prospérité d'un établissement agricole, cet établissement, quand il est exploité par un fermier, puisse donner, tout au plus, un revenu de 3,000 francs à 3,500 francs, et qu'exploité par M. de Monseignat lui même *il n'arrive pas, à beaucoup près, à faire ses* FRAIS ORDINAIRES DE

CULTURE ; si , contrairement à toute vraisemblance , contrairement à ce que nous regardons comme l'évidence, M. de Monseignat a réellement triplé le revenu net primitif des capitaux fonciers et mobiliers accumulés depuis trente ans sur l'exploitation du Cluzel, — que M. de Monseignat le prouve.

» Cette preuve, il la doit à sa considération , il la doit au Jury régional placé sous le coup des plus graves critiques, il la doit à la Société d'agriculture qui lui a fait l'honneur de l'appeler à sa présidence ; il la doit à son département duquel il reçut le mandat de défendre ses intérêts au sein de la législature.

» Mais si M. de Monseignat se reconnaît impuissant à administrer cette preuve, que nous réclamons hautement — et que nous réclamerons plus vivement encore, s'il le faut — eh bien ! M. de Monseignat est placé par cela même dans la situation d'un homme qui, par suite d'une erreur de son fait, a été mis en possession d'un bien qui est la propriété légitime d'un autre, et dont cet autre se trouve par conséquent dépouillé.

» Que doit faire M. de Monseignat de ce bien injustement acquis ? Ce n'est pas à nous à le lui dire : la conscience et l'honneur le lui diront ! »

» On nous demandera sans doute avec curiosité quelle réponse a été faite à ce pressant appel aux sentiments du lauréat. Quelle réponse ? — Il n'y en a pas eu ! En vain M. de Monseignat a-t-il été sollicité de s'expliquer : il a persisté à garder le silence..... et la prime..... Et jusqu'ici rien n'indique chez lui l'intention soit d'ouvrir la bouche, soit d'ouvrir la main......

» Depuis de longues années, M. de Monseignat présidait la Société centrale d'agriculture de l'A- veyron avec un zèle et une habileté hautement appréciés. Mais il est une chose à laquelle cette compagnie attache plus de prix encore qu'aux services d'un de ses membres, quelque importants qu'ils soient. M. de Monseignat a cru pouvoir dé- daigner la mise en demeure adressée à sa loyauté par l'opinion publique tout entière : la Société ne lui a pas reconnu ce droit et s'est sentie at- teinte dans sa dignité par cette attitude inattendue. C'est alors qu'elle a pris une résolution grave, peut-être sans précédent dans l'histoire des assem- blées agronomiques. Elle a d'abord, par une mo- dification à ses statuts, aboli la perpétuité des fonctions dont ses dignitaires sont investis. Ensuite, dans sa réunion trimestrielle du 3 décembre 1861, à laquelle on s'était rendu des points les plus éloignés du département avec un empressement inaccoutumé, la Société a décidé, par un vote so- lennel, qu'elle donnait un successeur à M. de

Monseignat. Ajoutons que les autres membres du bureau ont tous été réélus sans exception.

. . . .

» Le Jury régional, en butte à une critique sanglante, non seulement dans la brochure du « Cultivateur du Causse », mais encore, et à un degré non moindre, dans les trois articles successifs que le *Journal d'agriculture pratique* a consacrés au concours de Rodez, s'est montré aussi peu jaloux que le lauréat de défendre son œuvre : le jury s'est tu !

» Que doit-on penser de cet invincible silence ? — Nous aimons à y voir un aveu tout aussi sincère que tacite. Espérons dès lors que la Commission permanente du Jury régional — des actes duquel elle est essentiellement l'auteur et le responsable — espérons que cette Commission, composée de MM. Boitel, d'Ussel, Guibal, Sarrauste, etc., et dont M. de Monseignat est appelé à faire partie cette année; espérons, disons-nous, que ces messieurs, désillusionnés à l'endroit de leurs aptitudes par la plus funeste expérience, et déplorant avec amertume de ne pouvoir réparer les fautes du passé, auront garde du moins de s'exposer au danger d'une récidive. Que si, toutefois, encore trop peu défiants d'eux-mêmes, ils étaient portés à méconnaître le devoir de stricte abstention qui leur est imposé à l'avenir par la prudence, par le respect de soi, par le respect de la grande institution et de l'autorité dont ils furent les représentants auprès de nos populations, nous comptons bien que l'administration, gardienne vigilante des hauts intérêts qui lui sont confiés, saurait user de la salutaire rigueur dont la Société centrale de l'Aveyron a donné récemment un si noble exemple.

» UN CULTIVATEUR DU SÉGALA. »

Au risque de négliger un devoir qui semble nous être tracé dans le récit et les observations que l'on vient de lire, nous fussions resté en repos faute de pouvoir surmonter un certain dégoût. Une circonstance des plus imprévues nous oblige à prendre un autre parti. Aujourd'hui plus que jamais la position des concurrents malheureux réclame notre active sympathie. Si nous sommes bien informé, leurs griefs, au lieu de se voir redressés, auraient dernièrement été aggravés de nouvelles disgrâces par suite du refus de plusieurs de ces messieurs de faire acte d'adhésion à un jugement qui, suivant l'opinion la plus modérée, pèche trop gravement par la forme pour obtenir le respect des esprits les moins insoumis. Il importe donc que les pièces de ce triste procès reviennent encore une fois sous les yeux du public et des autorités compétentes. Tel est le motif qui nous décide à faire réimprimer le Mémoire que nous avons déjà publié.

Toutefois notre œuvre, bien que suffisant peut-tre aux dures exigences de la critique, est loin de répondre à tous nos désirs. Sans doute, afin de protéger l'éclat factice d'une auréole d'emprunt, on avait relégué dans l'ombre les travaux véritablement brillants des maîtres de notre agriculture aveyronnaise. Nous avons essayé de remettre les divers mérites à leurs places; mais si nous avons réussi à ôter à l'un — moralement bien entendu — ce qui lui avait été donné de trop, nous avons regretté de ne pouvoir faire aux autres, faute de loisir et de moyens d'information, l'entière part qui leur revient. Cependant, nos omissions à cet égard ayant été très-heureusement réparées dans le compte rendu du concours de Rodez écrit par M. Jules Duval et publié par le *Journal d'agri-*

culture pratique, nous croyons devoir réunir à notre travail ce précieux complément.

L'exposé de M. J. Duval est en trois articles. Bien que le premier contienne à peine quelques mots sur la Prime d'honneur, nous le reproduisons en entier, parce qu'il constitue, sur l'ensemble du concours régional de Rodez, un document complet. Fort curieux à consulter en tout temps, ce monument de notre situation agricole acquerra tout à coup un incomparable intérêt quand, au bout d'une période de huit années, notre tour reviendra de mesurer la distance parcourue sur la route du progrès.

Pour rester fidèlement impartial, ce qui, du reste, n'exige de nous aucun effort, nous donnons également dans toute son étendue le troisième article, consacré à une revue détaillée des services agricoles du lauréat. Dans le second article, l'auteur commence par discuter le rapport du jury sur la Prime d'honneur avec tout le calme de l'impartialité, mais en même temps avec franchise et avec une logique inexorable. Ensuite il donne un chapitre particulier à l'examen des travaux de chacun des concurrents éliminés; il s'applique à faire connaître, dans leurs œuvres les plus marquantes, l'élite de nos agriculteurs, et il reconstitue ainsi l'histoire de l'agriculture aveyronnaise, passée sous silence d'un bout à l'autre dans un document dont le but officiel était précisément d'en faire le récit. Honneur à M. Duval, il a bien mérité de ses compatriotes !

Nous avons entendu faire quelques critiques sur notre brochure. D'après certaines personnes, c'est notre anonyme qui aurait détourné M. de Monseignat de nous honorer d'une réponse. M. de Monseignat, répondrons-nous, a beaucoup trop d'esprit pour avoir songé à s'abriter sous ce prétexte ridicule. Mettre en scène notre chétive personne dans un débat où il était question de tout autre chose, eût été contre le bon goût : le public pouvait s'intéresser à nos raisons, nous les lui avons dites ; il n'avait que faire de notre nom, et nous l'avons tu. Si cependant, pour une raison quelconque, M. de Monseignat tenait à savoir qui nous sommes et où nous sommes, nous le prions de s'adresser à notre éditeur, qui s'empressera de le satisfaire.

Notre bilan de l'exploitation du Cluzel a donné lieu à quelques objections de détail. Ici on a trouvé que nous avions coté trop haut certains

articles de recette, et trop bas certains articles
de dépense: là on a cru constater que nous avions
fait la faute contraire. On peut avoir raison de
part et d'autre; cependant nous doutons beaucoup
que nos contradicteurs se soient donné autant de
peine que nous pour arriver à la vérité. Après y
avoir réfléchi pendant sept ou huit mois, nous
demeurons fermement convaincu d'être resté grandement au-dessous de la réalité dans l'évaluation
du déficit moyen annuel supporté par la ferme
du Cluzel. Après tout, qu'importe que ce déficit
soit un peu plus fort ou un peu plus faible? La
question est oiseuse. Ce dont il s'agit uniquement,
c'est de savoir s'il y a déficit ou s'il y a triplement du revenu des capitaux exploités. Or, nous
le répétons, c'est à M. de Monseignat seul qu'il
appartient de faire cesser toute incertitude à cet
égard.

En quittant le fauteuil de la présidence, il a
fait entendre ces paroles : « Messieurs, je m'at-
» tendais au résultat du scrutin. J'ai trop vécu
» pour ne pas savoir que tout succès doit avoir
» une expiation. Sans connaître les pièces du
» procès, vous donnez raison à mes détracteurs;
» vous avez cru en avoir le droit. »

O monsieur de Monseignat! si les pièces dont vous nous parlez nous sont inconnues, à qui la faute? A qui la faute si les pièces justificatives dont vous vous faites fort restent cachées à tous les yeux, quand on vous demande à cor et à cris de les produire? Pourquoi accuser vos collègues de vous avoir jugé sans connaissance de cause, puisque, vous seul pouvant les éclairer, s'ils sont dans l'erreur, vous vous obstinez à cacher la lumière? Non, Monsieur, ce n'est pas votre succès que vos collègues ont voulu vous faire expier ; en d'autres circonstances, ils se fussent montrés heureux et fiers d'un honneur qui, par cela même qu'il est conféré au chef d'une société, semble rejaillir sur tous ses membres ; ce n'est pas votre succès que vous expiez, c'est votre silence ! Vos détracteurs, Monsieur, croyez-en leur parole, n'ont jamais *souhaité* d'avoir raison contre vous; ils l'ont *déploré*. Si le fait qui, aux termes de la déclaration solennelle du Jury, constitue en entier votre droit à la Prime d'honneur, n'est pas un fait faux, mais un fait vrai, démontrez-nous cette vérité; nous la proclamerons avec joie et reconnaissance, car vous aurez raffermi notre confiance en la justice humaine en nous découvrant combien elle est sujette

à être calomniée ; nous ferons amende honorable
sur la place publique, et, de la même main qui
écrit ce livre, nous le jetterons aux flammes ex-
piatoires ; nous chanterons sur tous les tons les
louanges du vainqueur méconnu, et son triomphe,
pour avoir été retardé, n'en sera que plus éclatant et plus glorieux.

Mars 1862.

L'AGRICULTURE AVEYRONNAISE

DEVANT LE JURY DU CONCOURS

POUR

LA PRIME D'HONNEUR.

> Le jury n'a pas à décerner une prime d'encourage-
> ment, mais à récompenser les résultats acquis, d'une
> authenticité incontestable, et dont l'exemple puisse
> être sûrement invoqué pour démontrer comment
> l'économie dans les dépenses, l'ordre dans le travail,
> le perfectionnement raisonné des méthodes cultu-
> rales, l'heureuse alliance de la science et de la pra-
> tique, et enfin une juste subordination de la culture
> aux circonstances qui la dominent, créent la pros-
> périté présente et assurent l'avenir des exploitations
> rurales.
>
> E. ROUHER.
> *(Circulaire ministérielle sur la Prime d'honneur.)*

Avant d'être en état de fonctionner avec une perfection convenable et de réaliser les avantages qu'on
est en droit de leur demander, toutes les institutions
nouvelles ont besoin de s'épurer au creuset de l'expérience et de la critique. L'institution de la Prime d'honneur ne saurait échapper à cette loi. Elle a déjà subi
plusieurs essais ; mais, pour que ces premières épreu-
ves soient instructives et profitables, il reste à en étudier les résultats, à les analyser, à les discuter à fond.
Cette tâche regarde les agriculteurs praticiens. La
Prime a été fondée pour eux, pour l'avancement de
leur art, pour la prospérité de leur industrie : c'est à

eux d'assurer la réalisation de ce vœu d'une équitable et réparatrice bienveillance en lui apportant l'aide d'un contrôle éclairé, loyal, vigilant.

Afin de remplir, dans l'humble mesure de nos forces, notre part du devoir commun, nous venons soumettre à nos confrères, dans les pages suivantes, quelques observations au sujet des travaux de la Commission régionale d'examen récemment appelée à se prononcer sur les prétentions rivales des représentants les plus éminents de l'agriculture aveyronnaise. Le trop juste sentiment de notre insuffisance nous ayant éloigné de cette lice, notre jugement ne se trouvera pas obscurci par les passions qui sont les suites ordinaires de la lutte. Nos appréciations pourront être fausses (et nous sommes prêt à confesser au besoin notre erreur), mais elles se tiendront constamment au-dessus de toute considération personnelle. Nous souhaiterions vivement de n'avoir à parler ici que des choses et non des hommes ; toutefois, en obéissant à regret à un pénible devoir, nous nous efforcerons de le remplir tout à la fois avec franchise et bienséance.

Le rapport lu par M. le comte d'Ussel dans la séance solennelle du 26 mai dernier, et dans lequel la Commission, présidée par M. l'inspecteur d'agriculture Boitel, a dû exposer les résultats de son enquête ainsi que les motifs de ses décisions, est la seule pièce officielle relative au concours de la Prime d'honneur qui ait été rendue publique. Voici ce document, qui servira de point de départ et de base à notre analyse.

Nous le donnons en entier, d'après le texte publié par le *Napoléonien*, et nous invitons les lecteurs à lui accorder une attention particulière.

Rapport de M. le comte d'Ussel sur la Prime d'honneur.

« Messieurs,

» Chargé par la Commission de résumer dans un rapport toutes les observations qui ont été faites sur les propriétés des candidats à la Prime d'honneur, nous venons aujourd'hui vous présenter ce travail, pour lequel nous réclamons toute votre attention et surtout votre indulgence.

» Il nous a personnellement inspiré un grand intérêt, en nous faisant étudier davantage un pays admirablement constitué par la nature même de son sol et l'énergique intelligence de ses habitants appelés à le féconder.

» Enorgueillissons-nous aujourd'hui du spectacle que nous avons sous les yeux. A l'appel de l'administration, tous ceux qui pouvaient utilement l'entendre n'ont-ils pas noblement répondu ? Nos voisins, nos rivaux, se sont associés par leur présence à la pensée élevée, aux sentiments de sympathique bienveillance qui les avaient appelés ! Les pages de notre catalogue se sont enrichies des noms les plus distingués parmi les protecteurs les plus dévoués de l'agriculture, en même temps que des plus modestes cultivateurs. Des visiteurs de tous les rangs se sont empressés d'accourir, et le concours de la Prime d'honneur est devenu le plus utile, le plus complet, le plus expérimental qui ait encore eu lieu dans l'Aveyron.

» Nous ne venons pas ici vous faire une description géologique de ce département, de ses divisions politiques et administratives, de son industrie manufacturière et commerciale : les limites de ce travail s'y opposent. Nous ne citerons que pour mémoire les monuments et les édifices qui se trouvent dans ce pays si riche de souvenirs historiques, attestés par les ruines plus ou moins bien conservées de ses châteaux et monastères, et ne rendrons hommage aux illustrations du passé que par un souvenir, hommage bien légitime des générations présentes à ces hommes qui par leurs études et leurs talents ont illustré leur pays. Leur passé glorieux nous répond de l'avenir, et dans cette grande lutte de l'intelligence, les rangs sont aussi pressés dans l'Aveyron que partout ailleurs.

» Permettez-moi, Messieurs, d'adresser un mot de souvenir à l'administration locale, qui protége avec tant de soin son agriculture. Honneur ! surtout honneur à ces hommes énergiques qui ne se rebutent de rien, vont toujours en avant, et disent aux populations : suivez-nous ! profitez de nos succès et de nos fautes, pour imiter les uns et éviter les autres ! Ces hommes ont la foi agricole et le dévouement du missionnaire ; ils sont bien véritablement les apôtres du progrès.

» Mais cependant, ces idées de progrès qui germent dans tous les esprits, par qui ont-elles été développées? Qui a su les faire grandir et leur donner les proportions qu'elles ont atteintes? Ici, Messieurs, nous devons chercher plus haut, et rendre hommage à cette pensée forte et généreuse qui nous pousse, de toute la puissance de son inspiration, vers la prospérité agricole. C'est elle qui nous convie à ces réunions paisibles, où la société doit trouver de bienfaisantes émotions et de salutaires enseignements. Espérons que ces luttes innocentes seront bientôt les seules auxquelles nous serons appelés, et que dans l'avenir, cette noble et laborieuse classe de laboureurs, l'égale de toutes, cultivera paisiblement la terre qu'elle arrose de ses sueurs, après l'avoir glorieusement défendue de son sang.

» L'agriculture, Messieurs, a des récompenses pour toutes les ambitions légitimes. Elle ignore les fortunes qui ne sont pas le prix du temps ; mais elle promet à tous le bien-être, fruit du travail, et rapproche les hommes les uns des autres, en leur apprenant à se connaître et à s'aider.

» Dans cette voie, l'émulation est sans jalousie, car elle a toujours pour résultat, comme succès, cette propriété vivante que nous aimons et qui nous aime. N'est-elle pas entre nos mains le gage heureux de l'économie et du travail? Dans l'Aveyron, ce sont les riches propriétaires qui ont éprouvé les premiers le besoin de sortir d'une agriculture stationnaire : aussi a-t-elle singulièrement progressé depuis trente ans. Ces aspi-

2.

rations, énergiquement encouragées par une administration bienveillante, sage et éclairée, ont été bientôt traduites par de notables améliorations. La Commission a trouvé le matériel agricole perfectionné, les prairies artificielles plus nombreuses, les prairies naturelles mieux entretenues, le drainage commençant à se vulgariser, les terres mieux cultivées, les cours d'eau utilisés au profit des herbages, enfin l'emploi de la chaux généralisé, et le calcaire employé avec intelligence.

» Mais, avant de proclamer ici le lauréat de la Prime d'honneur, disons un mot sur cette institution.

» La Prime d'honneur n'est pas une distinction affectée à une spécialité agricole, même hors ligne. Elle n'est pas due à l'agriculteur dont une partie de l'exploitation serait irréprochable et dirigée avec toute l'intelligence possible, mais bien à celui dont l'ensemble de la culture et des bâtiments, un heureux choix dans la race et l'espèce de ses animaux, un matériel convenable d'instruments nécessaires à l'exploitation, la bonne tenue des étables et des fumiers peuvent servir de modèle dans le département, et auprès duquel on puisse trouver des conseils à suivre et des modèles à imiter.

» Ne croyez pas cependant que ces conditions soient suffisantes pour donner droit au premier rang. Il faut encore, il faut surtout arriver à obtenir des produits au prix de revient le plus bas possible. Car sans cela, la culture d'une propriété ne serait qu'une fantaisie coûteuse, qui ne devrait pas être encouragée. Il faut donc, avec des moyens d'action économiques, faire produire à la terre le plus possible, et réaliser le bénéfice le plus élevé.

» Quant aux spécialités, nous le disons et le répétons, le gouvernement les aime et les encourage par des médailles d'honneur, mais seulement comme introduction à un ensemble plus parfait d'exploitation, réservant sa grande récompense à celui qui est arrivé, et non à ceux qui sont encore sur le chemin.

» La Commission de la Prime d'honneur a trouvé de bonnes et excellentes choses chez tous les candidats. Tous ont réussi dans des limites plus ou moins étendues ; mais la propriété qui a rempli le mieux les conditions du programme est incontestablement celle du Clusel, appartenant à M. de Monseignat.

» Il n'est pas possible, dans un travail aussi limité, d'entrer dans le détail des améliorations qui ont été faites. Cependant nous ne pouvons résister au désir de vous donner un aperçu comparatif de ce qui était il y a trente ans et de ce qui existe aujourd'hui.

» Situé à 12 kilomètres de Rodez, et posé sur un sol argilo-siliceux, et un sous-sol de gneiss-micaschiste, le domaine du Clusel, d'une contenance de 157 hectares, était exploité par un fermier, ni mieux ni plus mal que les autres propriétés du voisinage. Il se bornait à retirer le plus de bénéfices, avec le moins d'entretien, de peine et de travail possible. Aussi cette culture avait-elle laissé le sol dans un état d'épuisement déplorable ; mais peu importait au fermier qui était à fin de bail. A cette époque M. de Monseignat résolut de faire de l'agriculture progressive, et prit en main la direction de l'exploitation. Il y avait fort à faire. Il s'agissait de détruire les bruyères, genêts, ajoncs, colchiques et narcisses qui avaient envahi la propriété.

» Il fallait, en premier lieu, construire et meubler la ferme d'un cheptel suffisant, d'instruments et d'équipages convenables. Pour s'attaquer avantageusement à des ennemis aussi tenaces, l'exploitant leur opposa, aux uns la chaux, aux autres le drainage, à tous la persistance de l'effort et l'expérience du savoir.

» Voici les résultats qui ont été obtenus :

» L'impression qu'on ne peut s'empêcher d'éprouver en arrivant dans la propriété, est celle de la surprise inspirée par la bonne tenue générale, qui décèle un esprit d'ordre et de régularité aussi parfait qu'il est plus rare.

» Là, toute chose est à sa place et sous la main, au premier besoin ; tout ici a un cachet de propreté qu'il est difficile d'obtenir dans une propriété agricole. Toutes les constructions, comme ensemble et comme détail, ne laissent rien à désirer, et sont parfaitement appropriées aux différentes nécessités de l'exploitation. Les vaches sont fort belles, les bœufs de travail bien choisis, forts, vigoureux et de bonne qualité. La porcherie est bien tenue, bonne et régulière. Le troupeau a été plus lent à se constituer. Plusieurs essais ont été faits. Mais dans ce moment, la race est fixée, et les bêtes sont de belle et bonne qualité.

» On y trouve un bon choix d'instruments de ferme perfectionnés, et l'on a constaté qu'entre les mains de l'habile propriétaire, ils n'étaient pas des instruments de parade uniquement destinés à passer sous les yeux de la Commission.

» Des irrigations exécutées dans toutes les règles d'une judicieuse pratique, et de nombreux drainages, établis avec intelligence et bien réussis, ont prouvé une fois de plus tout ce que le sol pouvait obtenir de cet amendement. Les faibles récoltes de seigle ont été remplacées par des céréales d'un bon rendement, par les prairies artificielles très-bonnes et bien venues, par les cultures sarclées, belles, nettes et soignées. Aux prairies naturelles, infestées de mauvaises herbes, a succédé un gazon de bonne nature et donnant un excellent fourrage.

» La comptabilité en partie double, et fort bien tenue, constate, par la balance des comptes pertes et profits, que si l'agriculture est pour M. de Monseignat une occupation agréable, elle est aussi fort productive, puisqu'il est arrivé à tripler le revenu de sa propriété. En résumé, le domaine du Clusel présente un ensemble fort remarquable de cultures, d'animaux, d'instruments et de bâtiments d'exploitation. Tous ces différents détails se complètent merveilleusement les uns les autres, et font deviner dans le propriétaire cette longue pratique qui juge et compare, et sait faire tourner à son profit l'expérience des autres.

» Mais, Messieurs, d'autres exploitations aussi ont excité l'intérêt de la Commission au plus haut point, et lui ont fait vivement regretter de ne pas avoir plusieurs primes d'honneur à distribuer. Le département de l'Aveyron peut être fier de son agriculture et de ses agriculteurs; car il est bien rare de trouver une victoire aussi vivement disputée, et par des concurrents aussi méritants et aussi sérieux.

» Plusieurs d'entre eux ont présenté sinon un ensemble complet, du moins des spécialités bien remarquables. Aussi le Jury a-t-il cru devoir leur offrir des médailles d'or, pour les récompenser des efforts qu'ils ont faits et des bons exemples qu'ils ont donnés.

» Ces médailles ont été distribuées comme il suit :

» A M. Dissez, à Cantagrel, arrondissement de Villefranche, pour la perfection de ses récoltes sarclées;

» A M. Dufau, pour la bonne disposition de ses constructions rurales;

» A M. Rodat, d'Olemps, pour son troupeau et la construction de sa bergerie;

» A M. Rodat, de Druelle, pour son drainage et ses irrigations;

» A M. Durand, de Gros, pour la déviation des eaux de l'Aveyron;

» A M. Baraseud, arrondissement de Saint-Affrique, pour la déviation des eaux du Dourdou et pour ses irrigations;

» A M. Ygrier, colon de M. Barascud, pour la profondeur et la perfection de ses labours. »

« (On remarque que cette liste officielle ne contient pas le nom de M. Itier, qui figurait par erreur dans le compte rendu de la distribution solennelle des prix que nous avons publié mardi.) »

(Napoléonien du 4 juin 1860.)

Le décret d'institution de la Prime d'honneur porte en substance que cette récompense sera décernée au cultivateur qui aura réalisé les améliorations les plus importantes et dont l'exploitation, dirigée avec plus de science, plus d'économie et plus de profit que toute autre, aura été jugée la plus digne d'être offerte en exemple à l'imitation du département.

Telles sont les intentions bien formelles du pouvoir. La Commission qui a été désignée pour venir les accomplir dans l'Aveyron, a-t-elle eu le bonheur de trouver dans son sein tous les éléments indispensables pour faire face aux difficultés de ce mandat? Convaincue de sa grave responsabilité et fermement résolue à donner à ses consciencieuses investigations tout le soin et tout le temps nécessaires, a-t-elle considéré qu'il fût de toute rigueur de n'accepter les assertions d'aucun des concurrents que sous bénéfice d'inventaire, et de ne statuer sur la valeur de ses prétentions qu'après un mûr examen de ses travaux et de ses comptes? Comprenant que les titres de ce genre de candidatures ne peuvent être sérieusement jugés sans qu'on jette les yeux sur le passé du candidat, sans avoir égard à tous les actes marquants qui constituent les jalons de sa carrière d'agriculteur, la Commission a-t-elle daigné consulter nos annales agricoles pour y lire l'histoire professionnelle des divers prétendants, pour y compter leurs succès et leurs échecs, pour dresser, d'après des documents authentiques, l'état comparatif des services que chacun a rendus au progrès de l'art, comme aussi des fautes par lesquelles il pourrait l'avoir desservi? Afin d'arriver à une saine appréciation des diverses pratiques respectivement en usage sur les diverses exploitations qu'ils avaient à comparer, MM. les commissaires ont-ils bien pris garde de constater, avant tout, les conditions d'économie rurale particulières à notre pays de montagnes et d'herbages, et puis ont-ils tenu suffisamment compte de cette donnée fondamentale? En somme, le choix auquel la Commission a cru devoir s'arrêter, après avoir mis en balance les titres de nos dix ou douze cultivateurs les plus renommés, est-il ce que l'on peut appeler un choix heureux, c'est-à-dire un choix tel que l'acclamation publique le ratifie et qui commande le respect de tous?

En d'autres termes, l'exploitation du Cluzel réalise-t-elle véritablement, comme le rapport l'affirme avec une assurance si péremptoire, le plus haut degré d'excellence que la pratique de l'agriculture ait atteint jusqu'à ce jour dans le département? Cette exploitation est-elle en réalité la plus rationnellement organisée,

la plus sagement administrée, la plus habilement conduite, et enfin, ce qui dit tout, celle qui atteste sa
supériorité intrinsèque sur toutes les autres par la
supériorité du résultat final, par la supériorité des
bénéfices? Enfin les cultivateurs aveyronnais peuvent-
ils s'abandonner en toute sécurité au conseil que la
Commission leur adresse par l'organe de son rapporteur en les conviant à suivre les traces de son élu, et
à voir en lui le praticien consommé dont chacun de
nous devrait désormais faire son maître, son guide et
son modèle?

Nous l'avouons, nous n'avons pas cru devoir nous
fier à nos seules lumières pour résoudre des questions
aussi épineuses; nous les avons proposées aux hommes
de notre profession qui, par leur expérience et leur
caractère, ont le plus d'autorité parmi nous. Il faut
bien le déclarer, leur réponse a été unanime; elle a été
unanimement et énergiquement négative, et l'expression du même sentiment se rencontrait partout, dans
toutes les classes de la population. Notre esprit s'est
alors trouvé dans une situation singulièrement per-
plexe : il éprouvait le besoin de se créer une opinion
capable de concilier notre respect pour le jugement
de nos estimables concitoyens, avec la considération
bien naturelle qui s'attache à des personnages étrangers qui ont été reconnus dignes d'être envoyés parmi
nous pour y remplir une mission des plus importantes
et des plus honorables. Aussi attendions-nous avec
avidité qu'une voix contradictoire s'élevât au milieu

3

de ce concert de blâme pour désarmer, au moyen de quelque explication imprévue, une accusation qui n'était pas moins formelle et moins explicite qu'elle était grave de sa nature et qu'elle était générale. Mais notre attente a été trompée.

Nous devons exprimer ici une surprise et un regret à l'honorable rapporteur de la Commission de la Prime d'honneur : c'est qu'il n'ait point considéré comme un devoir de haute et stricte convenance et comme une indispensable décharge de sa lourde responsabilité, de formuler en termes clairs et catégoriques, pour la satisfaction des concurrents éliminés et pour l'édification générale, les raisons, toutes les raisons qui ont amené le Jury à rendre un verdict qui heurte de front les convictions les plus fortement arrêtées dans la conscience du pays.

En matières aussi graves, il n'est permis d'arrêter sa manière de voir qu'après avoir pris la peine de vérifier soigneusement toutes les données de la question. Aussi, placé entre le rapport des commissaires et les contradictions auxquelles il est en butte, n'avons-nous cru pouvoir nous tirer d'embarras qu'en prenant conseil de l'autorité brutale devant laquelle s'inclinent toutes les autres, l'autorité des faits. Il est un établissement rural que le rapport élève jusqu'aux nues et que l'opinion publique place assez bas : nous sommes allé juger de la vérité par nos propres yeux ; il est quelques établissements rivaux dont l'éloge est depuis nombre d'années dans toutes les bouches aveyronnaises et à l'égard desquels le rapport garde une réserve dont tout le monde a été surpris et attristé : nous avons également tenu à les visiter. Mais c'était trop peu : nous avons été secouer la poussière de nos archives départementales pour compulser le dossier agricole de ceux qui étaient naguère compétiteurs pour la Prime d'honneur. Il est d'autres portes encore auxquelles nous sommes allé frapper, d'autres sources où nous avons puisé des renseignements instructifs. Exposons en termes sommaires le résultat de ces démarches.

Ayant à considérer successivement les titres des divers candidats que le Jury de la Prime d'honneur a trouvés dignes d'être portés sur la liste de ses récompenses, il est naturel que, dans cette revue, nous suivions l'ordre nominal dans lequel ces honorables concurrents ont été classés d'après leurs mérites, conformément à l'appréciation qu'en ont faite MM. les commissaires régionaux. Toutefois il convient de remarquer, avant d'aller plus loin, que, par une bizarre destinée, cette classification du mérite agricole aveyronnais se trouve, presque d'un bout à l'autre, en contradiction directe avec celle qui a été établie par les Commissions indigènes chargées, pendant vingt ans, de désigner le lauréat de la prime départementale annuelle, et dont les arrêts si intelligents et si scrupuleux ont fait à notre Société centrale d'agriculture une position suréminente dans l'estime, la confiance et l'amour du pays.

M. de Monseignat. — La Commission d'examen a proclamé la pratique agricole de M. de Monseignat non-seulement la meilleure, mais encore la seule qui fût complète et qui méritât, par la perfection des détails et de l'ensemble, de servir de modèle à la culture aveyronnaise. Et, à leur tour, nos cultivateurs de se récrier en protestant que M. de Monseignat ne fut jamais qu'un écolier en agriculture, que toutes ses entreprises sont autant d'*écoles* qui lui ont coûté cher et ne lui ont rien appris, et que ses exemples, loin de nous montrer le chemin qui mène à la prospérité, nous conduiraient inévitablement aux abîmes. On va plus loin, et l'on nie formellement l'existence des faits matériels invoqués par le rapport à l'appui de ses conclusions.

L'honorable M. de Monseignat a eu le malheur d'être loué outre mesure et sans mesure au détriment de ses concurrents. Comme tout excès provoque un autre excès dans le sens contraire, le sentiment public a réagi, un peu fort peut-être, contre les imprudentes exagérations et le ton tranchant du panégyriste.

Nous nous croyons suffisamment campé sur la question pour pouvoir déclarer, et nous sommes heureux d'en trouver l'occasion, que si le pays est en droit de refuser son assentiment au jugement qui confère la Prime d'honneur au président de sa Société d'agriculture, c'est en même temps un devoir de justice et de reconnaissance de ne point méconnaître les efforts persévérants, le zèle infatigable que M. de Monseignat a mis pendant trente ans au service des intérêts agricoles de la contrée.

On ne manquera pas de nous objecter que ces tendances, bien qu'excellentes en elles-mêmes, ont rarement atteint le vrai but; que des innovations entreprises avec trop peu de discernement et de prudence ont eu pour effet naturel de discréditer les idées de progrès parmi nous et, par suite, de retarder l'adoption de mainte réforme salutaire. Nous devons le reconnaître, les combinaisons de M. de Monseignat sont en général moins bonnes que ses intentions ; mais celles-ci en sont-elles moins louables ? Et d'ailleurs, si quelques-uns se sont fourvoyés à la suite de cet explorateur hasardeux, n'avons-nous point, tous tant que nous sommes, profité de ces expériences, quel qu'en ait été le résultat ?

Nous devons à M. de Monseignat la création d'une race de porcs qui n'est pas sans doute à la hauteur des bonnes races anglaises, mais qui constitue pourtant un perfectionnement très-avantageux sur celle du pays. M. de Monseignat n'est point sans doute, comme des amis trop officieux ont eu la maladresse de l'avancer, notre initiateur à la pratique du chaulage et du drainage; mais l'on doit reconnaître que ces puissants moyens d'amélioration n'ont pas eu, dans le Ségala, auquel ils sont spécialement appropriés, de propagateur plus actif et plus influent que le propriétaire du Cluzel.

Avide de tout ce qui est rare, étrange ou nouveau,

M. de Monseignat tient à cœur de faire de sa ferme une sorte de musée pour toutes les curiosités botaniques, zoologiques et mécaniques qui se rattachent à l'agronomie, et une sorte de laboratoire d'essai pour toutes les méthodes, théories et systèmes, à mesure qu'ils se produisent à l'horizon de la publicité. Il nous a fait faire connaissance dès le principe avec le petit cochon chinois, la grosse poule brahma-poutra, l'oie d'Égypte, le rutabaga, l'igname de Chine, toutes les variétés de blé, le sorgho à sucre, etc., et aussi avec le *chou colossal* de vieille et trop fameuse mémoire, si nous nous souvenons bien. Il nous montre, réunis sous le même hangar, un tordoir à cidre, une petite huilerie, une petite féculerie, une batteuse à manége; il continue à pratiquer, mais à la vérité sur une échelle fort restreinte, la sériciculture; il s'essaye à la sylviculture, et déjà il est passé maître en pisciculture.

Cette multiplicité de soins minutieux et divergents entre lesquels toute l'activité d'un homme s'éparpille et se dissipe, paraîtra pur enfantillage au prosaïque praticien, exclusivement préoccupé de réaliser le maximum de produit net; mais l'observateur placé au point de vue de la science expérimentale devra se montrer plus indulgent.

Ancien élève de Roville, M. de Monseignat est familier avec la littérature agronomique, et c'est un avantage qu'il possède sur la plupart de ses confrères, des plus instruits d'ailleurs. Grâce à l'aménité de ses manières non moins qu'à son érudition variée, grâce à beaucoup d'entregent, à un zèle émulatif, actif, entreprenant, à une grande souplesse d'esprit et de caractère, ainsi qu'à des habitudes parlementaires, auxquelles il s'est formé dans les assemblées politiques, il se montre, de l'aveu de tous, éminemment apte à diriger les travaux de la Société d'agriculture, qui l'a fait son président. M. de Monseignat mérite donc les égards, la reconnaissance même, de ses confrères et de ses concitoyens.

— Sans doute, nous dira-t-on; mais de tout cela il ne résulte aucunement que M. de Monseignat fasse de la bonne agriculture, et que l'exercice de cet art ne soit pour lui une occasion de dépenses plutôt qu'une source de bénéfices. — Nous ne saurions en disconvenir, le lauréat de la Prime d'honneur est un amant passionné de l'industrie champêtre, et, comme tout amour sincère et profond, le sien peut bien dédaigner les calculs de l'intérêt; loin de prélever un tribut sur l'objet de sa passion, M. de Monseignat l'a comblé peut-être de ses largesses. Mais est-ce donc là un bien grand mal, et doit-on blâmer le grand seigneur qui, au lieu d'aller porter ses revenus dans les gouffres du jeu, à Baden-Baden ou ailleurs, trouve plus agréable de les employer à parer de riantes cultures une nature âpre et sauvage où l'œil attristé ne rencontrait que la bruyère et l'ajonc? Il conviendrait plutôt, à notre avis, d'instituer pour ces personnes opulentes une prime destinée à encourager chez elles cette salutaire prodigalité, une prime toute d'honneur, et non d'argent, il va sans dire.

Les longs et larges sacrifices pécuniaires que M. de Monseignat a faits à ses goûts agricoles lui vaudraient incontestablement cette palme; mais il n'a pas cru que ce fût la seule à laquelle il pût justement prétendre : le premier de tous comme agriculteur amateur, il s'est flatté d'être à la tête des agriculteurs *praticiens* dans la sévère et inflexible acception du mot. A-t-il eu raison, a-t-il eu tort? C'est ce que nous sommes dans l'obligation d'examiner maintenant.

M. de Monseignat s'est mis sur les rangs pour la prime départementale annuelle, dès la première année de sa fondation, c'est-à-dire en 1840, et cette récompense lui était accordée en 1845. Dans un premier mémoire, daté de Rodez le 7 février 1841, où M. de Monseignat fait l'histoire de ses travaux, l'un des titres qu'il fait valoir à l'appui de sa candidature se trouve exprimé dans le passage suivant :

« 8° Je me suis livré très en grand à la culture du mûrier; mes plantations couvrent une surface de plus de 13 hectares, sans compter les pépinières, qui contiennent dix mille pieds de pourettes; 4 hectares de ces terrains ont été défoncés à la profondeur de $0^m,80$, et au prix de 10 c. le mètre, ce qui porte la dépense à 4,000 francs. J'ignore si dans le département quelqu'un peut offrir une pareille étendue plantée en mûriers et des travaux aussi considérables, et j'avoue que je ne connais pas de concurrent qui , dans cette spécialité, puisse rivaliser avec moi.

» 9° Je fais construire, au chef-lieu du département, une magnanerie pour 30 onces de graine.

» Deux systèmes de magnaneries sont aujourd'hui en présence : le premier, le plus ancien, celui de Dandolo, est connu de tout le monde ; le second, plus récent, celui de M. Darcet, où ce savant a pratiqué un nouveau mode de ventilation et de chauffage.

» Je n'hésite pas, quoique ces dernières constructions soient plus chères, à les adopter, parce que je crois qu'il sera utile pour le pays de constater les avantages et les inconvénients des nouvelles magnaneries dites *salubres,* et je m'expose à des revers pour en éviter aux autres. Ma magnanerie sera peut-être la seule de ce genre à 30 lieues à la ronde. »

Cette importante opération suggérait les observations suivantes au rapporteur de la Commission d'examen, l'honorable M. de Cabrières :

« Les frais de ces travaux ont dû être considérables, puisque la plantation des mûriers a nécessité, dans une pièce de terre de la contenance de 4 hectares, un défoncement qui a coûté 4,000 francs, et l'établissement des petites usines 6,000 francs ; mais M. de Monseignat, bien que sûrement ses dépenses aient été bien entendues, nous a mis dans l'impossibilité d'apprécier les bénéfices qu'il a pu retirer de ses frais, dont il n'a pas fourni un état. »

L'année suivante, M. de Monseignat répondit à ces

3.

objections dans un nouveau mémoire. Voici ce que nous y lisons :

« J'avais donné aussi un état des dépenses affectées à mes plantations de mûriers, et je n'avais pas parlé du revenu net : mais cela m'était et m'est encore impossible. On conçoit bien qu'on ne puisse produire qu'une appréciation fort inexacte de résultats inconnus et sujets à des éventualités si nombreuses. J'espère avoir bien calculé ; l'avenir m'apprendra si je me suis trompé. Malgré le doute qui peut être élevé, j'ai fait encore cette année une plantation d'environ quinze cents sujets. »

Dix-neuf ans se sont écoulés depuis que M. de Monseignat écrivait ce qu'on vient de lire. L'avenir auquel il renvoie son questionneur importun, l'avenir a parlé. Et comment cet oracle a-t-il parlé ? Il serait cruel de le demander à M. de Monseignat, car tel a été l'événement qu'il lui a laissé seulement pour son cœur cette consolation prévue de *s'être exposé à des revers « pour en éviter aux autres »* ! Les milliers de mûriers plantés à frais énormes sur un terrain rocheux où le défoncement du sol absorbait à lui seul au moins 1,000 fr. par hectare, ces mûriers chargés des plus riches promesses ont eu le sort de l'arbre stérile de l'Évangile : ils ne produisaient pas de fruits, pas même de feuilles, ils ont été traités comme ils méritaient. Quant à la magnanerie monumentale que M. de Monseignat avait érigée dans l'enceinte du chef-lieu et loin de ses plantations par un choix d'emplacement dont nous ne pouvons nous rendre compte, il va sans dire qu'elle est restée vierge de l'usage auquel elle avait été consacrée. Son fondateur, plus heureux que sage, a été assez favorisé par les circonstances pour se défaire avantageusement de cette construction pour lui désormais inutile. Elle sert maintenant d'école publique. Et pourtant les avertissements n'avaient pas manqué à M. de Monseignat. Qu'il se rappelle quels efforts d'éloquence fit un de ses ex-concurrents à la Prime d'honneur pour l'arrêter, lui et quelques autres, sur la pente d'un engouement dont les conséquences désastreuse étaient clairement prévues et prophétisées dans les termes les plus précis.

Lorsque la Prime départementale fut accordée à M. de Monseignat en 1845, la culture du mûrier dans le département de l'Aveyron, à l'altitude de Rodez, n'avait pas encore été définitivement condamnée par l'expérience, et il est présumable que les vastes plantations de M. de Monseignat et la construction de sa magnanerie modèle ne furent pas des considérations étrangères à la décision prise cette fois en sa faveur.

Faut-il conclure de cet échec que toutes les spéculations agricoles de M. de Monseignat sont basées sur de faux calculs? Non certainement; mais nous y voyons un motif légitime de douter de son sens pratique, et nous devrons continuer à douter jusqu'à ce qu'on nous ait prouvé qu'une rare faveur de la nature unit en lui à des inclinations artistiques un don qui est la qualité fondamentale et indispensable du cultivateur comme de l'industriel et du commerçant, et sans lequel la passion du progrès, des innovations et des améliorations est pour eux un entraînement des plus dangereux. Mais ces preuves, où les trouverons-nous? Qu'on ne s'y méprenne point, ici la question n'est plus de savoir si M. de Monseignat a transformé des bruyères en champ de seigle, ou de trèfle ou de betteraves; s'il a substitué chez lui l'assolement alterne à l'assolement triennal; s'il a pratiqué en grand le chaulage et le drainage; ce sont là des faits incontestables que nous avons vus et que nous nous plaisons à proclamer. Le seul point qu'il importe ici de fixer, c'est la valeur de ces opérations, non pas en les considérant au point de vue du pittoresque, ou bien comme études expérimentales d'agrologie, de chimie et de physique agricoles, de phytotechnie, de zootechnie, mais en les estimant au point de vue de l'application des lois de l'économie rurale, au point de vue de la pratique du métier agricole, au point de vue du but final de cette industrie, le même que pour toute autre, c'est-à-dire au point de vue du profit pécuniaire.

Nous avons donné un aperçu des œuvres dont se recommandait la candidature de M. de Monseignat à la prime départementale, et nous savons que penser de cette recommandation. Les titres nouveaux qu'il peut s'être créés depuis, et qu'il a dû faire valoir devant la Commission de la Prime d'honneur, n'ont pas été soumis à l'appréciation publique; mais on peut tenir pour certain que le rapport de la Commission n'a pas négligé d'en indiquer au moins les plus considérables dans l'analyse peu substantielle, peu raisonnée, il est vrai, mais très-affirmative, où, à propos d'une comparaison à établir entre les divers candidats, on trouve bon de les oublier tous pour nous faire entendre l'éloge d'un seul.

Tout ce que nous dit M. d'Ussel se résume en deux affirmations : 1º Il nous affirme que la vue du Cluzel l'a émerveillé ; jusque-là nous n'avons rien à dire, les impressions ne se discutent pas. Mais l'enthousiasme de M. le rapporteur a été jusqu'à illusionner ses yeux, et lui montrer des perfections fantastiques en maintes places occupées par des défauts très-réels; nous aurons à lui signaler cette méprise. 2º M. d'Ussel nous affirme que la culture qui se pratique au Cluzel est une culture lucrative, essentiellement et incomparablement lucrative. Ici nous entamons le vif de la question, et c'est là-dessus que la discussion devra surtout s'appesantir.

Rappelons quelques-unes des paroles de M. le commissaire rapporteur :

« L'impression qu'on ne peut s'empêcher d'éprouver en arrivant dans la propriété, est celle de la surprise inspirée par cette bonne tenue générale qui décèle un esprit d'ordre et de régularité aussi parfait qu'il est plus rare.

» Là, toute chose est à sa place et sous la main, au premier besoin ; tout ici a un cachet de propreté qu'il est difficile d'obtenir dans une propriété agricole. Toutes les constructions, comme ensemble et comme détails, ne laissent rien à désirer et sont parfaitement appropriées aux différentes nécessités de l'exploitation. Les vaches sont fort belles, les bœufs de travail bien choisis, forts, vigoureux et de bonne qualité. La porcherie est bien tenue, bonne et régulière. Le troupeau a été plus lent à se former. Plusieurs essais ont été faits, mais dans ce moment la race est fixée, et les bêtes sont de belle et de bonne qualité.

» On y trouve un bon choix d'instruments de ferme perfectionnés, et l'on a constaté qu'entre les mains de l'habile propriétaire, ils n'étaient pas des instruments de parade uniquement destinés à passer sous les yeux de la Commission.

» Des irrigations exécutées dans toutes les règles d'une judicieuse pratique, et de nombreux drainages établis avec intelligence et bien réussis, ont prouvé une fois de plus tout ce que le sol pouvait obtenir de cet amendement. Les faibles récoltes de seigle ont été remplacées par des céréales d'un bon rendement, par des prairies artificielles très-bonnes et bien venues, par des cultures sarclées, belles, nettes et soignées. Aux prairies naturelles, infestées de mauvaises herbes, a succédé un gazon de bonne nature et donnant un excellent fourrage. »

Nous venons de parcourir le Cluzel, et maintenant nous sommes en mesure de combler certaines omissions du rapport et d'en rectifier quelques erreurs.

Nous sommes étonné que l'impression de **M. d'Ussel** ait été jusqu'à la surprise à l'aspect de *l'ordre*, de la *propreté*, du *bon arrangement*, de la *bonne tenue générale* et particulière qui a frappé sa vue à son entrée sur les terres de **M. de Monseignat.** Ce spectacle, qui paraît nouveau pour l'honorable délégué de la Creuse, est chose assez commune dans notre pays, quoi qu'on en dise, et ces qualités, dont on fait honneur à l'exploitation du Cluzel comme d'une exception aussi rare que précieuse, se montrent à un degré non moindre et quelquefois bien supérieur dans toutes nos fermes de premier ordre.

« Toutes les constructions, comme ensemble ou comme détail, ne laissent rien à désirer.» Nous sommes entré dans une assez vaste écurie : les dispositions intérieures nous en ont paru imparfaites. On y voit rassemblés, sans aucune cloison qui les sépare, les bœufs, les vaches, les génisses, les taureaux et jusqu'aux chevaux.

« Les vaches sont fort belles. » Tout respect gardé envers MM. les commissaires, ces animaux nous ont paru fort médiocres, si nous en exceptons trois ou quatre individus croisés du sang d'Aubrac et du sang de Berne, et qui ont hérité en partie des formes amples qui caractérisent la race suisse. On sait d'ailleurs que la vacherie de **M.** de Monseignat ne brille guère dans les concours que par son absence. Elle n'a pas eu une seule nomination au concours régional de Rodez, pas plus que dans aucun autre du département. « Les bœufs de travail bien choisis, etc. » Nous reconnaissons la justesse de cette appréciation.« La porcherie est bien tenue. » Sans contredit, et le rapport ne rend qu'incomplétement justice à cette partie de l'exploitation. « Le troupeau a été plus lent à se constituer. » Nous regrettons de n'avoir pas pu le voir. Un connaisseur digne de confiance nous apprend que l'espèce ovine était honorablement représentée au Cluzel par un troupeau de brebis issues d'un bélier de la Charmoise ; mais on ajoute que ces animaux sont en voie de dégénérescence depuis que le marc de pommes, qui constituait une partie notable de leur régime, leur a été supprimé par suite de la cessation à peu près complète de la fabrication du cidre pratiquée en grand par M. de Monseignat il y a quelques années.

« Des irrigations exécutées dans toutes les règles, etc. » On dit en effet que M. de Monseignat n'a rien épargné pour faire régner dans son enclos la fraîcheur et la verdure ; mais les travaux exécutés dans cette enceinte réservée aux plaisirs du maître, et qui fait partie de son habitation privée, restent nécessairement en dehors de notre compétence. Nous devons toutefois remarquer à ce propos que la plus vaste et la plus riche prairie de la propriété a été sacrifiée par M. de Monseignat à la création de son parc, dont les allées sablées, les bouquets d'arbustes, les kiosques, les pièces d'eau, les serres, les faisanderies, etc., ont nécessairement dû beaucoup restreindre l'ancien empire de la faux. Ce n'est point là joindre l'utile à l'agréable, *utile dulci*, mais l'agréable à l'utile, non toutefois sans détriment pour ce dernier. Mais ce n'est point du château qu'il s'agit ; revenons à la ferme.

Ici nous trouvons bien quelques travaux d'irrigation, mais ils nous ont paru dans un état d'entretien déplorable. Une longue prairie, s'étendant sur les deux aspects d'une étroite vallée, est parcourue par un système de rigoles convenablement entendu, mais on a jugé à propos de mettre en pacage la partie supérieure, et il en est résulté que les fossés ont été dégradés à leur naissance par le piétinement des animaux au point d'être impropres à la conduite de l'eau. D'ailleurs cette eau coule en trop petite quantité pendant la saison des chaleurs pour ne point se perdre en entier par l'évaporation ou l'infiltration. Pour l'utiliser en tout temps, il eût été indispensable de la recueillir à sa source dans un réservoir. A peu de distance de là, s'étend sur un autre pli de terrain une pâture marécageuse qui était naguère en face du pré, comme l'attestent de nombreuses rigoles oblitérées. Ces canaux d'arrosement étaient alimentés par un grand bassin qui domine la pièce. Aujourd'hui ce bassin est sans eau et abandonné. Nous en avons rencontré plusieurs autres : ils étaient tous à sec ou même en ruines. Nous ne saurions donc nous associer à l'admiration de M. le rapporteur pour les irrigations du Cluzel. Passons aux drainages.

Nous avons examiné avec une attention particulière le champ qui s'étend à droite, au bord de la route de Rodez au Lac, sur une longueur d'environ 400 mètres.

Cette pièce passe pour être le théâtre principal des exploits agricoles de M. de Monseignat, et, comme on dit vulgairement, son grand cheval de bataille. C'était autrefois une terre vague et aqueuse imposée à raison de 25 centimes l'hectare. M. de Monseignat a entrepris de l'assainir et l'a fait drainer à fond. Que ces drainages aient été « établis avec intelligence », nous n'en saurions douter, puisque c'est l'œuvre de MM. les ingénieurs des Ponts et Chaussées ; mais on ajoute qu'ils « sont bien réussis », et en ceci l'on se trompe ; cette opération de desséchement est au contraire *très-imparfaitement réussie*, et la preuve en est manifeste. Le terrain drainé porte actuellement, entre autres récoltes, un seigle : c'est le plus mauvais, ou pour être plus exact, le seul mauvais blé du Cluzel. Ce seigle a été détruit en partie dans l'hiver par l'humidité du sol. Pour dérober, dit-on, à certains regards, cette récolte peu avantageuse, on a pris le parti de l'enfouir par un labour, ce qui eut effectivement lieu peu de jours avant la dernière foire du Lac, ainsi que tous les marchands venus du côté de Rodez l'ont remarqué. La partie conservée présentait de nombreuses trouées que l'on a cherché à garnir par un nouveau semis de seigle de printemps.

Les blés du Cluzel nous ont paru généralement beaux, particulièrement ceux qui avoisinent l'habitation. Quant aux prairies naturelles, nous les avons trouvées aussi mauvaises qu'elles le sont, en cette année de disette, dans les cantons les plus affligés. Elles ne sont point non plus, comme on nous l'a dit, exemptes de mauvaises herbes ; le jonc y foisonne, ainsi que les plantes bulbeuses. Les fourrages artificiels ont manqué ici comme partout ailleurs. Nous ne pouvons parler des cultures sarclées que d'après les échantillons de leurs produits que M. de Monseignat avait envoyés à l'exposition. Les racines présentées n'étaient réellement pas présentables. Une exhibition aussi peu flatteuse peut attester la bonne foi de l'exposant, mais certes elle n'est point de nature à faire la réputation du producteur.

M. d'Ussel, dans son inspection de la ferme couronnée, semble avoir totalement négligé le *ménage des champs* proprement dit pour concentrer son attention sur des détails d'intérieur, sur les affaires de la bassecour. Ici « toute chose est à sa place », ou à peu près, et il est loisible à M. d'Ussel de s'en émerveiller ; là, au contraire, et par le plus fâcheux contraste, l'ordre naturel est gravement méconnu. Le chef de l'exploitation paraît dominé par la préoccupation de faire un peu de tout et de montrer un peu de tout ; et, pour satisfaire cette fantaisie, il ne lui suffit point que le domaine pris en bloc fournisse simultanément une extrême variété de productions, on voudrait l'obtenir encore, ce semble, de chaque pièce de terre en particulier. Ainsi nous avons trouvé un champ de 6 à 7 hectares, dont une tranche est en froment sans barbe, une deuxième tranche en froment barbu, une troisième tranche en colza, une quatrième tranche en betteraves, et enfin restait au delà une étendue fraîchement façonnée qui était destinée sans doute à se diviser en deux ou trois nouvelles tranches de carottes, de rutabagas, etc. Nous avons encore remarqué une autre terre que diverses cultures se partagent par bandes parallèles et dans l'ordre suivant : trèfle, sarrasin, seigle, pommes de terre.

Cette distribution culturale par groupes d'échantillons assortis, affublant le sol d'une sorte d'habit d'Arlequin et créant à l'exploitation cent espèces de contrariétés et d'entraves, peut bien faire l'émerveillement de M. l'inspecteur Boitel, de M. le comte d'Ussel et de leurs savants collègues ; mais des agriculteurs moins savants et plus pratiques verront là, nous en sommes sûr, un oubli des principes les plus élémentaires de l'économie agricole. M. de Monseignat, qui se prive ainsi volontairement des avantages de la grande propriété pour faire à plaisir du morcellement et de l'enchevêtrement, écrivait jadis les lignes suivantes, que nous croyons utile de lui rappeler :

« Lorsque l'industrie agricole, comme toutes les industries, aura reçu une réglementation indispensable à ses progrès; lorsque l'association aura remplacé la concurrence, lorsque le *morcellement ruineux* aura fait place à la vaste exploitation de laquelle seule peuvent naître les grands bénéfices, alors sans doute il sera possible d'exécuter de ces grands changements qui transforment l'aspect d'une contrée tout entière en multipliant les produits résultant des forces harmoniquement employées. »

De toutes les énonciations pures composant l'entier contenu et toute la substance du rapport de la Commission de la Prime d'honneur, la plus hardie assurément est la suivante; mais elle est présentée d'une façon si sommaire, tranchons le mot, si cavalière, que l'orateur, en portant ce témoignage décisif dans le procès solennel soumis au grand Jury agricole, paraît ne pas avoir senti toute l'importante gravité de cet acte : « La comptabilité, en partie double et fort bien tenue, constate, par la balance des comptes Pertes et Profits, que si l'agriculture est pour M. de Monseignat une occupation agréable, elle est aussi fort productive, *puisqu'il est arrivé à tripler le revenu de sa propriété.* »

M. le rapporteur avait fait cette déclaration remarquable dans son préambule :

« Ne croyez pas cependant que ces conditions soient
» suffisantes pour donner droit au premier rang. Il
» faut encore, il faut surtout, arriver à obtenir des
» produits au prix de revient le plus bas possible.
» Car sans cela la culture d'une propriété ne serait
» qu'une fantaisie coûteuse, qui ne devrait pas être
» encouragée. Il faut donc, avec des moyens d'action
» économiques, faire produire à la terre le plus pos-
» sible et réaliser le bénéfice le plus élevé. »

La condition première et fondamentale pour avoir droit à la Prime d'honneur est nettement déterminée dans ces paroles. La victoire étant à ce prix, et tous les travaux que M. de Monseignat pouvait étaler sous

les yeux du jury en regard des travaux de ses concurrents devant inévitablement succomber à l'épreuve de
la comparaison, il fallait qu'un fait inattendu, jeté dans
la balance, vînt détruire le témoignage écrasant des
apparences et des probabilités; il fallait révéler au fond
de cette pratique agricole, qui paraît stérile et onéreuse
de quelque côté qu'on l'envisage, une source cachée de
puissance rémunératrice, des résultats pécuniaires que
nul ne pouvait soupçonner. La comptabilité seule était
capable d'un pareil miracle.

Tout le monde s'accorde à dire que l'exploitation
de M. de Monseignat donne des pertes et non du profit, et lorsqu'on regarde les choses de près, on n'hésite
pas à se ranger à l'opinion de tout le monde. Mais
qu'importe l'opinion si la logique irréfragable de l'arith-
métique vient, avec des chiffres authentiques et rigou-
reusement calculés, prouver à l'opinion qu'elle se
trompe? Certes, que cette preuve soit, et tout sera dit.
Mais cette preuve a-t-elle été établie? M. d'Ussel se
borne à dire : « La comptabilité, en partie double et
» fort bien tenue, par la balance des comptes *constate*, etc.»
Mais cette *constatation*, M. d'Ussel ou quelqu'un de ses
collègues, l'a-t-il constatée? Pour s'autoriser à dénoncer
le bilan de l'exploitation du Cluzel, ces messieurs ont-
ils pris la peine de le dresser d'après une vérification
rigoureuse des livres de la maison? Ou bien le rapport
s'est-il fait tout bonnement l'écho des allégations de la
partie intéressée, en acceptant ces allégations sur parole et sans contrôle? M. d'Ussel ne précisant rien à

cet égard, nous n'hésitons pas à venir en aide à son laconisme, et jusqu'à ce que la Commission régionale pour la Prime d'honneur ait publiquement et formellement déclaré comme quoi elle a soumis à son examen les comptes de l'exploitation de M. de Monseignat par les procédés voulus et avec tout le temps, toute la patience et tout le soin nécessaires pour dégager complétement la vérité de ses nuages, nous affirmons et nous continuerons à affirmer *qu'elle n'y a pas même jeté les yeux.*

Qu'on ne s'offense point ; nous n'entendons offenser personne. Il ne s'agit pas ici d'imputations, mais d'explications, et, ces explications, on va les entendre.

Une circonstance nous fit assister à la visite officielle de la Commission d'examen chez l'un des concurrents auquel elle a décerné depuis une médaille d'accessit. Cet agriculteur, qui élève aussi très-haut et très-fort la prétention d'avoir accru sa fortune dans une proportion considérable par l'exercice de son art, tenait beaucoup, comme on le pense, à établir ce point, pour lui d'une si grande importance, dans la conviction de ses juges. Il les invita donc à examiner ses livres et quelques autres pièces justificatives pour constater la sincérité et la vérité de son dire. M. Boitel déclina poliment la demande qui lui était faite, et il assura le concurrent que les commissaires mettaient une pleine confiance dans sa parole, qu'elle leur suffisait, qu'ils s'en rapportaient pleinement à lui. Le candidat, que ces assurances ne satisfont qu'à moitié, insiste ; M. Boitel tient bon ; on revient à la charge, mais pour être repoussé avec perte encore une fois. Notre candidat néanmoins ne se tient pas pour battu, et après le départ de MM. les commissaires il prend la plume pour réitérer sa requête par écrit. La lettre fut présentée à M. Boitel, mais aucune insistance ne put ébranler la courtoise obstination de M. l'inspecteur.

Notez maintenant que ce concurrent en question était personnellement étranger à MM. les commissaires, et pourtant de quelle excessive confiance ne fit-on pas preuve à son égard ! Or, M. de Monseignat, ce n'est pas un étranger pour les membres de la Commission. Maintes fois il a été leur collègue, leur commensal et leur hôte; que dis-je? il a été leur juge, du moins en ce qui concerne plusieurs d'entre eux, dans les concours pour la Prime d'honneur où ils ont triomphé. Comment supposer dès lors que les assertions de M. de Monseignat aient trouvé moins de crédit et de déférence auprès des commissaires, et que ceux-ci aient cru devoir le soumettre, lui, à une inquisition minutieuse dont ils avaient cru pouvoir dispenser ses compétiteurs? Cette supposition serait absurde et gratuitement injurieuse pour M. de Monseignat; on ne peut donc pas s'y arrêter, et nous devrons par conséquent, jusqu'à la preuve contraire, nous en tenir à cette conclusion, à savoir que *le motif principal et déterminant par lequel la Commission justifie l'attribution de la Prime d'honneur au propriétaire du Cluzel n'a d'autre fondement que les assertions du candidat.*

Ce sont ces assertions qu'il s'agit maintenant de discuter, puisque cette enquête, que les examinateurs officiels ont négligée, doit apprendre au public si leur décision est valide, ou bien si elle est virtuellement annulée par la non-existence du fait matériel sur lequel elle repose.

Hâtons-nous de le dire, il n'est pas dans notre pensée de projeter le doute sur la bonne foi de M. de Monseignat, sur la loyauté de ses déclarations, d'insinuer qu'il ait déguisé la vérité et surpris la confiance de qui que ce soit. Nous sommes néanmoins convaincu de l'inanité du titre qui lui a donné la victoire sur ses compétiteurs. M. de Monseignat a l'esprit artistique ; telle est du moins l'opinion qu'exprimèrent dans le temps les commissaires pour la prime départementale chargés de rendre compte de ses travaux. Or, qui ne sait combien le goût des arts prépare peu favorablement à la science des chiffres, et combien en revanche il prédispose à toutes les illusions ? Si M. de Monseignat affirme qu'il a triplé son revenu, incontestablement c'est qu'il en est persuadé. Mais il peut être dupe du mirage de ses espérances ; son imagination peut lui montrer comme une réalité actuelle ce qui n'est qu'une séduisante éventualité. Il sera tombé, suivant toute apparence, dans une méprise qui viendrait tout expliquer. En homme peu fait pour les distinctions subtiles de la comptabilité, revenu *net* et revenu *brut* se seront confondus dans son esprit en une seule et même idée, et il aura calculé son triplement de revenu d'après l'augmentation présumée de la valeur vénale du fonds amélioré, sans porter en ligne de compte les frais d'amélioration. Or, que le prix de terrains jadis en bruyères et aujourd'hui en trèfle ou betteraves ait triplé par l'effet de ce changement, il n'y a rien là qui doive étonner ; mais quel argument en sa faveur M. de Monseignat pourrait-il tirer de cette plus-value, fût-elle dix fois plus considérable, s'il a dépensé pour l'obtenir une mise de fonds plus considérable encore ? Les 4 hectares de granit qu'il fit défoncer il y a vingt ans et couvrir d'arbres improductifs valent bien, eux aussi, trois fois ce qu'ils valaient avant d'avoir été ainsi améliorés, soit 2,000 francs de plus, par exemple ; mais la bourse de l'améliorateur vaut 10,000 francs de moins. La culture améliorante pratiquée au Cluzel serait-elle fondée sur les mêmes principes et conduirait-elle au même résultat? S'il en est ainsi, permis à M. de Monseignat d'améliorer tout à son aise, puisqu'il est assez riche pour perdre ; mais qu'il s'interdise de prétendre à un prix destiné à encourager les dépenses reproductives, à récompenser le travail sage, économe et rémunérateur !

Un rapport de commission d'examen pour la prime départementale revêtu de la signature de M. de Monseignat conclut ainsi contre un des candidats : « Est-ce » bien de l'agriculture que fait M. F. ? Son domaine » présente de beaux et vastes bâtiments d'exploitation, » une belle race de bêtes bovines primées, et consé- » quemment appréciées à Laguiole ; de grandes prai-

» ries créées sur des terres vierges occupées naguère
» par des forêts séculaires ; des eaux sagement aména-
» gées pour servir à l'irrigation ; mais *tout cela est*
» *fait à force d'argent.* Or, l'agriculture, celle du moins
» qu'il convient le plus d'encourager, est, ce nous
» semble, celle qui se fait peut-être plus lentement,
» mais à peu de frais. M. F. a fait un bon placement
» de fonds, il n'a pas fait de la bonne agriculture. »

En quoi cette agriculture, si sévèrement jugée par
M. de Monseignat, diffère-t-elle donc de la sienne ? Ne
serait-ce pas en ceci, que l'une fait bon profit des
avances qui lui sont faites, tandis que l'autre les gas-
pille et met en danger la position de ses prêteurs ? Nous
sommes fortement tenté de le croire. Depuis qu'il fait
valoir, M. de Monseignat s'obstine à courir après la
plus funeste chimère : il croit pouvoir concilier les devoirs du fermier avec les distractions de l'homme du
monde, exploiter ses terres et en être absent, prétendre
à de beaux revenus et se décharger de tous les tracas
de l'exploitation sur un premier valet. Ces illusions
n'ont pas d'excuse pour un homme qui eut le privilége
de recevoir, de la bouche même de Matthieu de
Dombasle, les salutaires avertissements que ce grand
maître a formulés dans les lignes suivantes, que nous
ne croyons pas hors de propos de placer ici :

« Je n'ai pas encore parlé de la condition morale la
plus essentielle peut-être au succès d'une entreprise
agricole : je veux dire *l'application,* ou la ferme détermination de l'homme qui la dirige de consacrer ses

soins et son temps à en ordonner et surveiller tous les détails. Ce n'est pas trop d'un homme tout entier pour l'agriculture, et ce serait en vain que l'on se flatterait du succès, en lui consacrant quelques instants dérobés à d'autres occupations, ou interrompus par des distractions d'affaires ou de plaisir. L'homme qui ne veut faire de l'agriculture qu'un délassement doit bien calculer du moins que si, dans les circonstances les plus favorables, il n'y éprouve pas de grandes pertes, il ne pourra jamais y trouver les bénéfices qu'il aurait pu en espérer au moyen d'une constante application. Au nombre des circonstances de l'application, il faut compter en première ligne la résidence. C'est pendant tout le cours de l'année que la présence d'un agriculteur à la tête de son entreprise est d'une nécessité absolue. » *(Calendrier du cultivateur.)*

Le résultat exact que donne la balance générale des comptes de l'exploitation de **M.** de Monseignat, depuis le début jusqu'à ce jour, est un secret qui lui appartient ; mais heureusement il ne s'agit pas pour nous d'arriver à une détermination aussi précise. Ce que nous cherchons à découvrir, ce n'est pas le chiffre plus ou moins élevé des bénéfices que cette exploitation peut avoir réalisés, ou du déficit qu'elle peut avoir subi ; c'est le fait de savoir si elle a donné du profit ou de la perte, si elle a été lucrative ou onéreuse, si elle se trouve, à un degré quelconque, dans les conditions prescrites par le programme du concours pour la Prime d'honneur, ou si elle est dans les conditions diamétralement opposées, et devant entraîner son exclusion.

La question étant ainsi réduite à ces simples termes, nous croyons pouvoir la résoudre à l'aide des éléments que nous possédons. Toutefois, il serait possible que nous nous méprissions sur la valeur de ces données, ou que de fausses conséquences en fussent déduites : dans ce cas, nous comptons sur le secours de M. de Monseignat pour nous tirer d'une erreur que nous serons heureux et empressé de reconnaître, en nous applaudissant d'avoir provoqué une explication publique qui intéresse souverainement la dignité du lauréat, et qui répondrait, d'autre part, à des exigences on ne peut plus impérieuses et légitimes.

Élève de Roville et héritier d'une grande fortune territoriale et mobilière, M. de Monseignat entra dans la carrière agricole sous les auspices les plus favorables ; pas un obstacle devant lui pour gêner l'essor de ses aptitudes ! Mais ces rares avantages, au milieu desquels une capacité réelle devait déployer toute sa puissance, devenaient dangereux pour une vocation insuffisante en lui fournissant les moyens de s'accuser par de grandes fautes.

Les débuts du jeune agriculteur ne furent pas heureux. Nous avons dit quel fut le résultat de ses entreprises de sériciculture dans lesquelles il s'était lancé, pour ainsi dire à corps perdu. Après ce grave échec, ses soins parurent se tourner exclusivement sur la

4.

ferme du Cluzel, et, sans doute pour concentrer sur ce
point d'élection des capitaux immobilisés sur d'autres
propriétés auxquelles il s'intéressait moins, M. de Monseignat se défit successivement d'un grand nombre et
des plus belles des terres de son patrimoine. Il fallait sans
doute de bien grands capitaux pour subvenir aux frais
d'un système d'amélioration rapide, de transformation *à
vue*, entrepris sur une grande échelle, et en dehors de
la surveillance indispensable du maître, qui jamais ne
dirigea que par délégation et par des lieutenants mercenaires. Défrichement, drainage, construction de nombreux bassins, d'aqueducs, de granges et d'étables,
établissement « à grands frais », ainsi qu'il l'a écrit
lui-même, d'une féculerie, d'une huilerie, d'un moulin
à cidre ; transformation du sol, en quelque sorte, par
la superposition d'une couche factice de fumier et de
chaux obtenus à des prix exorbitants, telles sont les
opérations qui étaient déjà accomplies sur la ferme du
Cluzel par le nouveau propriétaire une douzaine d'années après sa prise de possession. Ces faits sont établis
par le rapport de la Commission d'examen pour le
concours départemental de 1845, dans les termes suivants : « Pour donner une idée générale et en même
» temps exacte de l'entreprise de M. de Monseignat,
» contentons-nous de dire qu'il s'est trouvé dans la né-
» cessité de reconstituer le sol et, en quelque sorte, de
» le faire de toutes pièces. C'est à quoi il a réussi par
» l'emploi le plus judicieux de la chaux et du fumier. »
Demandons-nous maintenant quel fut le fruit de

tant de sacrifices. M. de Monseignat nous le laisse entrevoir dans cette phrase mélancolique placée à la fin d'un de ses mémoires : « J'ai fait pour ma part ce » qu'il m'a été possible de faire ; j'ai dit une partie de » mes travaux pénibles et de mes coûteuses expériences. » Le sens de ces paroles est clairement expliqué, du reste, par un fait qui ne tarda pas à les suivre. M. de Monseignat, après quinze années de ce qu'il nomme ses *pénibles travaux,* ses *coûteuses expériences,* parut saisi de découragement : il afferma son domaine.

Nous devons signaler ici, par parenthèse, la nouvelle et très-grave inexactitude dans laquelle tombe le rapport de la Commission régionale en indiquant le bail à ferme du Cluzel comme un fait *antérieur* à l'exploitation de M. de Monseignat et à ses entreprises d'amélioration. Passons.

Les *cent vingt-six* hectares qui formaient alors la contenance de ce domaine, et sur lesquels venaient d'être dépensés quinze ans de travail et des sommes énormes, furent loués à M. Bouloc, de Sébazac, au prix de *trois mille francs* par an, ni plus ni moins. A combien cela porte-t-il la location moyenne de l'hectare ? A un peu moins de *ving-trois francs quatre-vingt-deux centimes.* Eh bien ! l'achat de la chaux employée à cette *reconstitution générale* du sol du Cluzel, constaté par le rapport de 1845, l'achat de la chaux coûtait à lui seul un déboursé de *cent vingt francs* par hectare, sans compter les frais de mise en tas et d'épandage. C'est M. de Monseignat lui-même qui nous donne ces chiffres dans son mémoire, à la page 63 du *Bulletin de la Société centrale d'agriculture de l'Aveyron :* « Je répands la valeur de huit tombereaux par hec- » tare, ce qui porte mes frais de chaulage à 120 francs » l'hectare, plus les frais de main-d'œuvre pour faire » et défaire les petits tas dont j'ai parlé. »

Et, cela fait, M. de Monseignat ne peut affermer son bien que 23 fr. 82 c. l'hectare ! Mais ce prix ne re- présente même pas l'intérêt de l'argent dépensé pour l'achat de la chaux employée dans un seul chaulage, en calculant cet intérêt au taux très-modéré de 20 0/0 ! Quelle méthode M. de Monseignat avait-il donc suivie dans l'application des puissants moyens d'amélioration si libéralement employés sur sa terre, pour que cette terre ingrate ne lui rendît qu'une faible partie de l'inté- rêt des capitaux qu'elle avait reçus en améliorations de toutes sortes, et qu'elle laissât à la charge du proprié- taire toute la rente foncière et tout l'impôt ? En vérité, en abordant l'étude d'un pareil budget, nous nous sen- tons effrayé comme au bord d'un gouffre !.. Nous osons à peine ajouter que cette redevance de 3,000 francs exigée du fermier lui parut une condition trop dure. Au bout de six ans de location, une transaction sur- vint, dans laquelle M. de Monseignat trouva une nou- velle occasion de prouver sa générosité, et son fermier se retira.

Ainsi telle était la situation financière du Cluzel en 1847 : elle se traduisait par un déficit annuel repré- senté par la rente foncière primitive, par l'impôt, et, ce qui est bien plus que tout le reste, par la plus grande et très-grande partie de l'intérêt des capitaux dépensés en *entreprises* d'amélioration. Quelle était l'importance de ces capitaux ? On ne peut s'en faire qu'une idée approximative, en considérant les frais que suppose la tâche poursuivie pendant quinze ans de « reconstituer et, en quelque sorte, de faire de toutes pièces », le sol de 126 hectares, par des drainages, des irrigations, le défrichement de terres couvertes d'ajoncs, par l'accumulation de masses d'engrais et d'amendements importés à grands frais sur le domaine, etc. Bref, en 1847, le *passif* de l'exploitation de M. de Monseignat, représenté par la valeur mobilière et immobilière de son inventaire d'entrée, et par les capitaux étrangers incorporés successivement au capital primitif, sous toutes les formes, se trouvait excéder, dans une proportion évidemment très-forte, l'*actif* constitué par l'inventaire de sortie, d'une valeur locative de 3,000 francs. Ainsi, jusqu'en 1847, l'ensemble des opérations agricoles de M. de Monseignat, loin de lui être profitable, lui causait une perte sèche dont nous ne chercherons pas le chiffre exact, mais dont l'importance très-considérable peut être hardiment affirmée.

Du reste, le jugement que nous portons ici est entièrement conforme aux aveux et aux doléances que M. de Monseignat faisait entendre souvent à ses amis, à une époque où il n'était pas encore question de la Prime d'honneur.

La location du Cluzel eut sans doute cet avantage pour M. de Monseignat, qu'elle suspendit pendant six ans le cours de ses « coûteuses expériences », de ses ruineuses améliorations. Mais il va sans dire que le ermier se contenta d'exploiter le peu de fertilité factice qu'il trouvait dans le sol et eut bien garde de se mettre en dépense pour l'entretenir. Ainsi, en reprenant son exploitation après cet intervalle, M. de Monseignat recevait un inventaire de rentrée tout au plus égal à son inventaire de sortie, dans le cas le plus favorable. . . .

Reprise à nouveaux frais et sous le poids des plus lourdes charges, cette exploitation, qui jusqu'alors avait fait si mal dans les plus heureuses conditions, aurait maintenant fait si bien, que, en moins de sept années, ses immenses bénéfices auraient amorti sa grosse dette et porté au triple le revenu de l'inventaire primitif, tous frais payés, toutes avances de fonds remboursées. . . . . . . Voilà ce qui devrait être pour que le magnifique résultat pécuniaire affirmé par le rapport de la Commission ne fût pas la plus monstrueuse des erreurs !

Il nous en coûte de discuter sérieusement de semblables hypothèses. mais telle est la tâche à remplir. Poursuivons.

A part l'acquisition, à très-bas prix, de 31 hectares de landes attenant aux terres du Cluzel, toutes les dépenses qui ont été consacrées à ce domaine, depuis 1854, ont été affectées à la mise en culture des pièces annexées et à la continuation de l'œuvre interrompue, et probablement ébranlée, des anciennes améliorations. Le drainage a été repris sur une grande échelle ; on a recommencé à chauler avec une énergie inaccoutumée, et les écuries de la ville de Rodez ont été mises à contribution pour des masses d'excellent fumier. Ces six ou sept années de nouveaux efforts et de sacrifices redoublés ont-elles enfin édifié la prospérité de l'établissement sur les bases d'un revenu solide et honnêtement rémunérateur ?.... ou bien toutes ces nouvelles dépenses de temps et de force matérielle et intellectuelle n'auront-elles eu pour effet que de pousser l'entreprise de plus en plus bas dans l'abîme du déficit ? Consultons le budget actuel de l'exploitation ; nous parviendrons sans trop de peine à l'établir d'une manière approximative.

Quelle est la somme d'argent que l'exploitation du Cluzel fait *sortir* tous les ans de la caisse de M. de Monseignat, abstraction faite des prêts à long terme faits au capital sous forme d'améliorations, dont les effets sont lents à se produire ? Quelle est la somme d'argent ou son équivalent que l'exploitation fait *entrer* tous les ans dans la caisse de M. de Monseignat ? Quel est le rapport de ces deux sommes ? Telle est la triple question à résoudre.

La ferme du Cluzel possède un personnel résidant de *vingt* salariés à l'année ; le montant de leurs salaires est de 4,500 francs, nous a-t-on assuré. L'élévation de ce chiffre ne surprendra pas si l'on considère qu'il représente, outre les gages de quinze fonctionnaires subalternes de divers grades, les émoluments d'un gros état-major composé d'un *régisseur*, d'un *agent comptable*, d'un *maître valet*, d'un *jardinier parisien diplômé*, d'un *irrigateur*, d'une *femme de charge*. Nous ignorons ce que reçoit le régisseur actuel, mais nous savons que son prédécesseur, aujourd'hui propriétaire au Puech, sur une ancienne ferme de son maître, touchait 800 francs par an. Le teneur de livres ne peut pas coûter moins de 600 francs. On nous a dit, il est vrai, pendant notre visite au Cluzel, que cet employé, dont les fonctions ne datent que de quelques mois, allait être supprimé. M. d'Ussel a cru devoir nous avertir que les instruments perfectionnés possédés par M. de Monseignat ne sont pas destinés à un usage de parade et à passer sous les yeux de la Commission : en serait-il par hasard autrement du fonctionnaire chargé de cette comptabilité savante qui a fait l'admiration de M. le rapporteur ?.... Nous aimons à croire que, sur ce point, nos renseignements sont en défaut ; mais revenons à la question.

Que l'état des salaires annuels de l'exploitation atteigne 4,500 francs, comme on nous l'a affirmé, c'est ce dont on arrivera facilement à se convaincre en tenant compte du nombre total des fonctionnaires et du haut rang hiérarchique de plusieurs d'entre eux. Mais, obéissant à la règle que nous nous sommes tracée de nous tenir, quand il y a doute, en deçà de la limite des probabilités, dans l'évaluation des dépenses, et au delà, dans l'évaluation des revenus, nous nous réduirons, sur l'article salaire, de 4,500 francs à 4,200.

Il y a sept ans, la coupe des foins coûtait 80 francs de journées ; la coupe des céréales , 110 francs. Ces chiffres, éminemment peu flatteurs pour une production aussi ambitieuse que celle du Cluzel , se sont accrus peut-être depuis que M. de Monseignat a repris en main l'exploitation; mais, de peur de préjudicier à la cause de ce dernier en exagérant sur un article de dépense, nous nous en tiendrons aux chiffres sus-énoncés. Nous compterons 300 francs pour journées de faneurs , dépiqueurs , sarcleurs , terrassiers , etc. Cinquante ouvriers ont été occupés au Cluzel durant toute l'année dernière , à ce que l'on nous a assuré. Nous portons à 300 francs les réparations d'entretien des constructions et toitures, des aqueducs, des réservoirs, des travaux spéciaux de drainage tubulaire, etc.; les impositions et prestations comptent pour 447 francs; les assurances s'élèvent au moins à 60 francs. Nous comptons 300 francs pour les cas fortuits non couverts par les assurances. (Le troupeau du Cluzel est souvent ravagé par la cachexie aqueuse.) Les frais d'entretien d'un matériel nombreux et compliqué ne peuvent être évalués à moins de 600 francs. M. de Monseignat achète régulièrement de grandes quantités de fumier. Un seul particulier, le maître de l'hôtel du Midi, à Rodez, lui en fait, à lui seul, une fourniture annuelle de la valeur de 1,000 francs. Admettons que ce soit là tout ce que M. de Monseignat en achète. Il paie la

chaux, remise chez lui, au prix de 15 francs le mètre
cube; le transport s'en fait par des bouviers étrangers
à l'exploitation. On estime qu'il consomme par an
plus de 100 mètres de cette substance. Réduisons
cette quantité à 80 mètres, ce qui portera le déboursé
à 1,200 francs.

La ferme ne produit point tous les articles de la
consommation intérieure. Le vin, le sel et le riz, et
l'huile aussi peut-être, doivent être demandés au commerce. En calculant cette dépense d'après le nombre
des personnes et des animaux nourris sur la ferme,
nous obtenons 350 francs pour le vin, 100 francs pour
le sel, 60 francs pour le riz. Nous négligeons les chan-
delles, le poivre, le coton de lampe et autres menus
comptes.

Enfin, nous devons inscrire au débit de l'exploitation la rente de la propriété, fixée à 3,000 francs par
l'acte du bail à ferme résilié en 1853.

Dans cette supputation des frais de l'exploitation du
Cluzel, nous nous abstenons de faire la part du gas-
pillage. Il doit être grand dans une maison où le maître
ne se montre que rarement au milieu de ses ouvriers, et où la maîtresse ne se montre jamais dans
sa cuisine.

Passons aux recettes.

Et d'abord l'article céréales, qui devrait être le plus
important. Combien donc le Cluzel exporte-t-il de blé?
Tout le monde répète que M. de Monseignat n'en vend
pas du tout, et nous avons cherché en vain un mar-

chand de grain à qui il en eût vendu. Mais en revanche, nous savons de très-bonne source que M. de Monseignat est dans l'habitude d'en acheter lui-même des quantités souvent très-considérables pour l'entretien de la maison. Son régisseur se montrait fier de pouvoir dire que, grâce à lui, sans doute, la production avait suffi à la consommation intérieure *l'année dernière!* Un négociant de Rodez, qui eut occasion de visiter les greniers du Cluzel l'an passé, nous a dit les avoir trouvés d'une pauvreté surprenante, quant à la quantité et quant à la qualité du contenu. Si le Cluzel vend du blé, ce n'est donc que très-exceptionnellement; prenons la rare exception pour la règle, et admettons que la vente de vingt charretées de seigle, à 8 francs le setier, produise annuellement une recette moyenne de 1,600 francs.

La culture de la pomme de terre a une assez grande extension relative, mais elle est abandonnée à des colons partiaires, ce qui frustre la ferme de la moitié du produit; l'autre moitié est consommée par le ménage et la porcherie. On estime à 100 francs le produit possible de la vente des châtaignes.

Les recettes de l'exploitation sont fournies principalement, sinon en totalité, par la vacherie, la bergerie et la porcherie. Il est vendu, bon an, mal an, de dix à quinze veaux évalués à 50 francs l'un, soit 500 francs ou 740 francs; va pour 750 francs. Le troupeau, très-sujet aux épizooties, est d'un revenu fort casuel, dit-on. Il fournit rarement au delà de quatre-vingts agneaux à la vente. Le nombre en était, l'an passé, de soixante-dix-sept, qui furent vendus au prix de 10 francs la pièce, pour soixante-seize, la soixante-dix-septième tête étant rendue sur le marché. En outre, d'après la convention, l'entretien de ce bétail dut rester à la charge du vendeur pendant deux mois ou plus. Nous disons quatre-vingts agneaux à 10 francs, soit 800 francs.

Nous devons ajouter à cet article celui de vingt brebis de réforme, à 10 francs l'une, 200 francs; plus, pour le produit en laine, 600 francs.

Vingt jeunes cochons, à 25 francs la pièce, produisent 500 francs; six cochons gras donnent, à 150 francs l'un, 900 francs.

M. de Monseignat ne fait pas l'élève des chevaux, il ne vend pas de volaille, ni d'œufs, ni de jardinage. Dans son mémoire de 1841, il disait avoir monté « à grands frais » une féculerie, une huilerie, un moulin à cidre. La première de ces usines n'a pas encore commencé à fonctionner; la deuxième n'a jamais marché que très-peu et ne marche plus du tout, à ce qu'il paraît. M. de Monseignat s'approvisionne aux huileries de Salles-la-Source du peu de tourteaux qui lui sont nécessaires. Quant à la troisième, elle travaillait autrefois, lorsque les pommes venaient à réussir; aujourd'hui elle a succombé sous la concurrence de plusieurs moulins beaucoup mieux installés établis dans le voisinage.

Les évaluations qui précèdent ne peuvent nous attirer qu'un reproche, celui de nous être laissé dominer outre mesure par la crainte de ne pas accorder à l'exploitation du Cluzel tout ce qui lui est dû.

Récapitulons, maintenant, et groupons les chiffres :

DÉPENSES.		RECETTES.	
Rente foncière....Fr.	3,000	Blé............Fr.	1,600
Salaires annuels...	4,200	Châtaignes.......	100
Journées.........	200	Veaux..........	750
Fauchaison.......	80	Agneaux.........	800
Moisson..........	110	Brebis..........	200
Réparations.......	300	Laine.	600
Impositions et prestations.........	447	Jeunes cochons...	500
Assurances........	60	Cochons gras.....	900
Cas fortuits non couverts par l'assurance.........	300	TOTAL........Fr. 5,450	
Entretien du matériel	600	Perte pour balance.	6,557
Fumier et chaux...	2,200		
Vin..............	350		
Sel.............	100		
Riz.............	60		
TOTAL........Fr. 12,007		TOTAL ÉGAL. Fr. 12,007	

Si le résultat lamentable qui vient d'être dégagé par le calcul n'est qu'une erreur de notre part, une erreur fruit de l'inexplicable inexactitude d'une foule de renseignements puisés aux meilleures sources et d'une concordance parfaite ; autrement dit, si M. de Monseignat, au lieu d'en être arrivé à ce point, qu'après avoir dépensé trente ans d'efforts et une portion considérable d'une grande fortune pour fonder la prospérité d'un établissement agricole, cet établissement quand il est exploité par un fermier, puisse donner, tout au plus, un revenu de 3,000 francs à 3,500 francs, et qu'exploité par M. de Monseignat lui même *il n'arrive pas, à beaucoup près, à faire ses* **FRAIS ORDINAIRES DE CULTURE** ; si, contrairement à toute vraisemblance, contrairement à ce que nous regardons comme l'évidence, M. de Monseignat a réellement triplé le revenu net primitif des capitaux fonciers et mobiliers accumulés depuis trente ans sur l'exploitation du Cluzel, — que M. de Monseignat le prouve.

Cette preuve, il la doit à sa considération, il la doit au Jury régional placé sous le coup des plus graves critiques, il la doit à la Société d'agriculture qui lui a fait l'honneur de l'appeler à sa présidence ; il la doit à son département, duquel il reçut le mandat de défendre ses intérêts au sein de la législature.

Mais si M. de Monseignat se reconnaît impuissant à administrer cette preuve, que nous réclamons hautement — et que nous réclamerons plus vivement encore, s'il le faut — eh bien ! M. de Monseignat est placé par cela même dans la situation d'un homme qui, par suite d'une erreur de son fait, a été mis en possession d'un bien qui est la propriété légitime d'un autre, et dont cet autre se trouve par conséquent dépouillé.

Que doit faire M. de Monseignat de ce bien injustement acquis? Ce n'est pas à nous à le lui dire : la conscience et l'honneur le lui diront!

MM. Dissez, Dufau, Barascud et Ygrier viennent en deuxième, troisième, sixième et septième ligne à la suite du principal lauréat. La distance considérable qui sépare les établissements agricoles de ces messieurs du lieu où nous retiennent les devoirs de notre profession, particulièrement à une époque de l'année où leur exigence redouble, nous a empêché de visiter leurs terres, ainsi que des circonstances plus propices nous ont permis de le faire à l'égard de celles de leurs concurrents. C'est ici surtout que nous éprouvons le regret que tous les candidats à la Prime d'honneur n'aient point, à l'exemple de l'un d'entre eux, jugé convenable de faciliter au public l'appréciation de leurs travaux en livrant leurs mémoires à l'impression. Privé de ces sources d'information, nous devons nous contenter des renseignements que nous fournit le *bulletin* de la Société d'agriculture, ou qui nous ont été donnés de vive voix.

MM. Dissez et Dufau, désignés comme les plus méritants après M. de Monseignat, sont, nous n'en doutons pas, des praticiens recommandables; mais ce que nous savons de leurs antécédents agricoles nous donne le droit d'affirmer que ces messieurs, en prenant part au concours pour la Prime d'honneur, n'ont eu d'autre prétention que de faire constater officiellement le rang honorable qu'ils occupent parmi les cultivateurs du pays. Nous en sommes intimement convaincu, leur modestie a dû se trouver fort embarrassée de la préséance qu'on leur impose sur trois de leurs confrères dont, très-certainement, ils n'ont jamais songé à mettre en doute la supériorité hors ligne, pas plus que qui que ce soit du département.

M. Dissez n'est arrivé qu'en 1859, c'est-à-dire depuis deux ans à peine, à la prime annuelle départementale. Le procès-verbal de ce concours n'a pas encore été publié, et nous n'avons pu par conséquent prendre connaissance du travail dans lequel M. Dissez a fait l'exposé de ses œuvres, non plus que du rapport de la Commission où elles ont dû être appréciées. Mais nous pensons pouvoir suppléer à l'absence de ce document par le procès-verbal du précédent concours dans lequel M. Dissez avait une première fois échoué.

Il résulte du rapport des commissaires délégués pour visiter le domaine de Cantagrel que le propriétaire, homme intelligent, éclairé et, de plus, peut-être, pourvu d'un bon capital, avait entrepris, à l'aide de ces puissantes ressources, d'installer une exploitation selon la science sur des terres où la routine régnait seule jusqu'alors. Le morcellement lui opposait ses barrières, M. Dissez le supprima ; ses terres siliceuses se refusaient à la production faute d'avoir reçu l'élément calcaire, elles furent saturées de chaux. Il va sans dire que l'araire romain, ce triste témoin des temps barbares, fut impitoyablement dépossédé par la charrue à versoir mathématique et les meilleurs engins aratoires créés par la science moderne. Des constructions régulières et appropriées à leur objet s'élevèrent sur l'emplacement des informes masures et des cloaques qui jusque-là avaient servi d'abri pour les fourrages et les animaux. Les commissaires délégués constatent avec satisfaction l'attention que M. Dissez apporte au perfectionnement de son troupeau, à l'aménagement de ses bois, à l'entretien de ses châtaigneraies. Le rapport de la Commission conclut néanmoins contre M. Dissez par les considérations suivantes :

« Le domaine de Cantagrel, sur 100 hectares d'étendue, ne possède que 9 hectares de prairies anciennes et 4 hectares de création nouvelle. Cette petite quantité de prairies pérennes à paru à votre Commission dans une infériorité un peu trop marquée avec les terres labourables. La création des 4 hectares récemment faite est un acheminement, sans doute, à une plus juste proportion, et nous indique que M. Dissez a compris lui-même le point défectueux de son exploitation ; mais le remède ne nous a pas paru encore appliqué avec toute l'énergie que le mal semblait exiger. Des plantes fourragères sont, il est vrai, semées sur une partie des terres labourables, et avec un discernement digne des plus grand éloges. Nous voyons toutefois que les entiers fourrages du domaine ne peuvent entretenir que vingt-trois têtes de gros bétail, et

5.

quatre-ving-onze brebis, c'est-à-dire moins d'une tête de bétail par 3 hectares de terrain. Cette disproportion a paru considérable à la Commission, et elle lui a semblé acquérir une plus grande importance quand elle a envisagé l'énergie et l'étendue du chaulage pratiqué par M. Dissez. Cet agriculteur jette en effet annuellement plus de 940 hectolitres de chaux sur ses terres, qui reçoivent cet amendement dans la proportion de 150 hectolitres par hectare. Il faut que l'énergie de la fumure soit en rapport avec l'énergie du chaulage, sous peine de voir ce stimulant agir en sens inverse de nos espérances et frapper pour long-temps nos terres d'une complète stérilité. Les cabaux du domaine sont-ils en nombre suffisant pour la produire? Voilà la question que s'est posée la Commission et qui lui a semblé devoir recevoir une solution négative. Sans atténuer le mérite de M. Dissez, dont nous nous plaisons au contraire à proclamer et la haute intelligence et la profonde capacité, nous avons cru devoir signaler sur les beaux ouvrages de son exploitation cette irrégularité dont son habileté aura bientôt raison. »

La première médaille d'or d'accessit à la prime d'honneur a été adjugée à M. Dissez « pour ses cultures sarclées ». Ce côté saillant de l'exploitation de M. Dissez avait si peu frappé les délégués de la Société d'agriculture, dont il reçut la visite il y a deux ans, qu'ils n'en firent aucune mention dans leur rapport pourtant très-développé. Nous doutons vraiment que

MM. les commissaires régionaux, qui se sont montrés en général si économes de leur temps et de leur peine dans leurs opérations exploratrices, aient pris le soin de s'assurer que les carottes, les betteraves et les navets de M. Dissez eussent une supériorité marquée sur les produits congénères de ses concurrents. Les récoltes sarclées de M. Dissez l'emportent-elles par exemple sur celles de M. Rodat d'Olemps, qui nous en a fait admirer de si beaux échantillons à l'exposition, pour lesquels il a reçu une médaille d'or dans la section des produits?

Nous sommes convaincu que M. Dissez ne se doutait pas de cette suprématie avant qu'elle lui fût révélée par le rapporteur de la Commission. Mais, en revanche, il en est une que personne ne lui conteste et qui, bien que très-remarquable, ne semble pas avoir été remarquée le moins du monde de MM. les examinateurs. Le gouvernement paraît attacher une grande importance à la propagation de la race des bœufs durham, et, dans ce but, il a réservé, dans ses concours, des primes spéciales pour ces animaux. Or, M. Dissez est le premier, et jusqu'ici le seul dans le département, qui se soit livré à l'élève des durham. Il est le seul qui en ait envoyé à l'exposition de Rodez, et tous les prix attribués à cette race ont été accordés à lui seul. Voilà certes un genre de supériorité bien tranché et bien intéressant qui devait naturellement fixer l'attention des commissaires, et qui constituait en faveur de M. Dissez un titre on ne peut plus *spécial*. Et pourtant, trouvant bon de donner à M. Dissez une médaille de spécialité, ce n'est pas pour ses durham qu'on la lui décerne — on ne les cite même pas — c'est pour ses carottes !

M. le baron Dufau a obtenu la prime départementale annuelle en 1852. Le rapporteur de la commission du concours s'exprimait ainsi sur le compte du lauréat :

« Lorsque M. Dufau a entrepris la grosse affaire de faire valoir un domaine de 200 hectares environ, il a trouvé le sol à peu près à l'état de nature : prairies naturelles embarrassées de broussailles, produisant de mauvais fourrages, sans aucune rigole d'irrigation ni d'écoulement, terres labourables couvertes de fondrières où croissaient quelques rares herbes et desquelles on ne retirait aucune récolte. Il y a de cela dix ans, et dès aujourd'hui on peut voir, en comparant avec les terres voisines, la différence déjà bien grande qui existe entre elles et les cultures de la Rivière. Un drainage intelligent a assaini beaucoup de parties de la ferme, et par une situation spéciale, les prairies naturelles peuvent profiter des eaux qui nuisaient aux terres labourables. Le trèfle, les betteraves, les carottes étaient inconnus à la Rivière ; aujourd'hui ces plantes fourragères y prospèrent ; nous avons surtout remarqué un trèfle d'une belle venue dans un champ précédemment chaulé. Vous voyez donc, Messieurs, qu'aucune innovation utile n'a manqué à la Rivière. Le chaulage y est pratiqué en grand, une machine à battre les grains et les instruments perfectionnés y fonctionnent avec succès, et c'est ainsi que M. Dufau a élevé le produit de ses céréales, augmenté ses fourrages et conséquemment les animaux de sa ferme. Son troupeau de bêtes à laine a spécialement fixé notre attention : l'espèce en est petite, mais bien faite et en voie de s'améliorer. Les autres bestiaux sont bien tenus, en bon état d'entretien, et tout atteste le soin le plus minutieux de la part du chef de l'établissement, même dans les plus petits détails. Quant aux bâtiments d'exploitation, ils sont presque neufs ; la bergerie surtout est construite dans de bonnes conditions, avec un peu de luxe peut-être. Nous avons admiré un beau cellier à pommes de terre et betteraves, construit au-dessous de la bergerie ; il n'a pas moins de 30 mètres de longueur. Mais, Messieurs, M. Dufau, tout en innovant, tout en améliorant, n'a pas voulu faire un métier de dupe : une comptabilité en partie double, tenue avec une exactitude commerciale, lui a permis, depuis dix ans, de connaître le prix de revient de chaque produit. »

En somme, M. Dufau a opéré dans son exploitation les réformes agricoles qui avaient été prêchées pendant vingt ans autour de lui par quelques dévoués, mais trop rares apôtres du progrès, et qui enfin depuis dix ans sont adoptées par tous nos cultivateurs intelligents et aisés. Comme eux, il a substitué la charrue Dombasle et la herse à l'antique araire ; comme eux, il a chaulé les terrains siliceux ; comme eux, il a drainé et irrigué ; comme eux, enfin, il a fait construire, d'après les règles d'une architecture rurale rationnelle, les bâtiments d'exploitation que les besoins de sa ferme réclamaient; seulement, il s'est passé la fantaisie plus artistique qu'économique d'introduire dans ces constructions un certain luxe que ses confrères plus positifs n'eussent pas peut-être jugé sage de se permettre. Le rapport sur le concours de 1851 disait simplement, au sujet de ces travaux d'art de M. Dufau : « Son cellier à pommes de terre est surtout, avec la bergerie, quelque chose de bien entendu. » Cependant, à en juger par la description qui nous en est donnée, ce cellier et cette bergerie ne sauraient entrer en comparaison avec les constructions de même genre que l'on rencontre sur plusieurs domaines du Causse, par exemple avec les granges, bergeries et bouveries de la ferme de Gros, dont les vastes proportions et les dispositions heureuses en font un objet réputé sans égal dans le département, et d'autant plus digne d'attention qu'ici tout le mérite revient au fermier, architecte improvisé.

Mais M. Dufau, comme agriculteur, possède à un degré éminent un mérite spécial et très-considérable, et d'autant plus précieux qu'il est plus rare. Il poursuit avec succès, depuis vingt ans, la solution d'un des problèmes d'économie rurale les plus importants et les plus difficiles, celui de la comptabilité agricole, aujourd'hui l'objet d'une si vive préoccupation. Rappelons les termes du rapport de 1851 sur ce point : « Une comptabilité en partie double, tenue avec une exactitude commerciale, lui a permis, depuis dix ans, de connaître le prix de revient de chaque produit. » Le rapport de 1852 est encore plus explicite et plus laudatif: « ..... M. Dufau ne saurait se tromper sur le prix de revient de ses produits. Il tient une comptabilité rigoureuse et en partie double. Il sait ce que lui coûte un chou et ce que consomme une brebis. Cette comptabilité est admirable et mérite les plus grands éloges. »

Bref, M. Dufau est un excellent comptable agricole, le meilleur sans doute du département et peut-être le seul dans toute la rigueur du mot. Certes, si M. Dufau avait un titre à la médaille de spécialité, ce titre, le voilà bien ! Et pourtant ni M. Boitel, ni M. d'Ussel, ni aucun de leurs collègues ne s'en est avisé : « Une médaille d'or..... à M. Dufau pour la bonne disposition de ses constructions rurales ! »

M. Barascud, propriétaire dans l'arrondissement de Saint-Affrique, et M. Ygrier, son colon partiaire, ont reçu les sixième et septième médailles de spécialité, le premier, « pour une déviation du Dourdou et ses irrigations », le second, « pour la profondeur et la perfection de ses labours ».

Ces honorables confrères, fixés à l'extrémité du département, nous étaient restés inconnus jusqu'ici. Leurs noms ne figurent point sur la liste des lauréats de la prime départementale annuelle, et nous ne sachions pas qu'ils aient jamais concouru pour cette distinction. Nous ignorons s'il existe aucun document public au moyen duquel nous pourrions satisfaire notre désir de faire leur connaissance. Toutefois nous avons ouï dire que M. Barascud est un agriculteur en réputation dans son arrondissement. On nous a dit également que M. Ygrier est un travailleur intelligent, laborieux et économe. Il est importateur, dans ce département, de l'excellente charrue Bonnet, depuis quelque temps en usage dans la Provence.

Restent trois noms de la liste des concurrents médaillés : ces trois noms sont ceux des pères honorés de notre noble agriculture ruthénienne. Ceux-ci allèrent un jour, au milieu des huées de la foule, s'atteler au char de notre progrès agricole embourbé jusqu'au moyeu dans la routine. Par la vigueur de leurs jarrets et de leurs bras ils parviennent à arracher le char à l'ornière fangeuse et profonde dans laquelle il était pris et arrêté depuis vingt siècles, et puis, avec une merveilleuse force, ils le lancent sur une voie nouvelle, et aujourd'hui il s'y avance triomphalement avec une vitesse s'accélérant sans cesse aux applaudissements du peuple enthousiasmé. Ils ont combattu vingt ans, trente ans, quarante ans, des préjugés considérés inexpugnables : ils ont vaincu, et leurs yeux ne se sont point fermés avant que n'ait lui le jour du triomphe. Qui donc pourrait maintenant leur accorder ou leur refuser une récompense meilleure ?

Mais il serait possible que, les premiers en date, ces courageux novateurs eussent cessé d'être les premiers en mérite. C'est une question qui a son intérêt. Voyons donc si, en feuilletant l'histoire de ces hommes, nous

ne pourrons leur trouver aucun titre de plus que celui
que leur concède la Commission régionale et qui leur
a valu d'être classés aux derniers rangs ; voyons jusqu'à
quel point leurs jeunes et heureux émules les auront
distancés dans la carrière ; voyons jusqu'à quel point
ils se seront laissé dépasser par ces nouveaux venus.

M. Rodat, *d'Olemps.*— M. Rodat, d'Olemps, résume
à nos yeux deux existences consacrées à la grande
œuvre de l'agriculture : il fut le fidèle et digne associé de son père dans ses travaux les plus utiles et les
plus ardus ; de quel droit refuserions-nous de l'associer aussi à son mérite ?

M. Adrien Rodat apportait donc plus que des titres
purement personnels à l'appui de sa candidature à la
prime d'honneur ; il apportait encore, et légitimement,
les titres de son illustre prédécesseur. Ainsi l'état des
services agricoles de ces deux hommes est en quelque
sorte indivisible, et pour apprécier justement le fils,
nous devons l'étudier jusque dans le père.

Le nom d'Amans Rodat mérite de vivre à jamais
dans la mémoire et la gratitude du vieux Rouergue.
Le grand laboureur d'Olemps fut pour son pays un
nouveau Triptolème : il l'initia aux secrets d'une agriculture plus rationnelle et plus féconde, il lui fit connaître le plus précieux de tous les instruments que
possède cette industrie, la charrue à versoir mathématique ; il nous en enseigna, avec une persévérance et
un dévouement tout patriotiques, et le maniement et

la construction. Bien plus, loin de mettre un prix au don incomparable qu'il nous apportait, il voulut bien condescendre à nous supplier de l'accepter gratis, et il se donna généreusement bien des peines pour nous faire renoncer à notre sotte opposition. Non moins habile à tenir la plume qu'à tenir les manches de la charrue, il se fit doublement notre maître par l'éloquence de ses exemples et par le charme de ses inimitables écrits. Agronome savant, praticien habile et sage, également éloigné de la routine et des innovations inconsidérées, professeur à la parole claire et persuasive, apôtre rempli de zèle, tel fut celui dont M. Adrien Rodat a partagé longtemps les fatigues et dont il n'a jamais cessé de se montrer le digne héritier.

Voici comment s'exprimait en 1841 le rapporteur du concours pour la prime départementale sur les propriétaires et cultivateurs du domaine d'Olemps :

« Près du chef-lieu, nous trouvons d'abord le domaine d'Olemps, composé uniquement de terres à seigle. Là, par des travaux presque séculaires, trois générations ont amélioré, enrichi l'héritage. Les succès ont été lents, il est vrai, mais la plus stricte économie y a présidé. Des troupeaux sains et vigoureux, dont les élèves sont recherchés, même par les étrangers, une belle et luxuriante végétation où l'on n'obtenait autrefois que des produits maigres et chétifs, attestent les soins continus et la judicieuse intelligence du propriétaire.

» M. Rodat est le premier qui se soit, dans nos contrées, servi des instruments perfectionnés, et il a eu en cela plus d'imitateurs que dans la création d'un assolement alterne dont peu de personnes comprennent l'importance, bien que sans lui il ne puisse y avoir de bonne et profitable agriculture. Il a, le premier aussi, envoyé son fils à la ferme modèle de Roville, et il a établi à Olemps une fabrique d'instruments perfectionnés, ce qui est d'autant plus méritoire que les peines et les travaux qu'elle occasionne sont loin de compenser les frais qu'a coûtés son établissement.

» M. Rodat emploie, pour se rendre compte de ses opérations, une comptabilité simple et à la portée de tout le monde. Un aperçu de cette comptabilité, que nous trouvons dans son mémoire, nous montre ce que lui a coûté l'établissement d'une prairie naturelle et les produits qu'il en a retirés. Si tous les cultivateurs avaient le même soin, il est probable, Messieurs, qu'ils n'éprouveraient pas tant de mécomptes et choisiraient parmi les branches de culture celles qui offriraient les chances les plus certaines de bénéfices.

» La ferme de Marroquiers, sise canton de Bozouls, entièrement composée de terrains calcaires, surtout de terres blanches dites *aubugues*, a aussi été soumise à un assolement alterne ; elle est exploitée avec les instruments perfectionnés, et M. Rodat se félicite tous les jours de l'excellence des nouvelles méthodes qui se plient également aux terres du *Causse* et à celles du *Ségala*.

» Les frais extraordinaires de toutes les améliorations, de tous les travaux exécutés par M. Rodat, y compris le séjour de son fils à Roville, s'élèvent, d'après l'état fourni, à la somme de 7,000 francs. Les produits en céréales se sont accrus de 300 à 600 hectolitres; le revenu d'Olemps s'est élevé successivement de 2,800 à 4,700 francs, et celui des deux fermes d'Olemps et de Marroquiers a été augmenté dans la proportion de 5 à 8 ou à peu près, résultat immense qui répond assez aux détracteurs des innovations bien entendues en agriculture. Presque toutes les branches de l'économie rurale ont été embrassées par M. Rodat. C'est ainsi qu'il a exécuté des plantations et des semis d'arbres de diverses essences, qui tous lui ont également réussi. »

La prime fut adjugée à M. Rodat.

Écoutons maintenant le candidat nous raconter lui-même une partie de ses labeurs et de ses succès. Nous citons son mémoire :

« 1° A l'assolement usité dans le pays j'ai substitué un assolement libre, basé sur les pâtures et les prairies artificielles, comme aussi sur la culture des racines, des légumes et autres racines établies par lignes espacées, avec sarclage.

» 2° Attendu que, du moins dans un ségala tel que le mien, ce système d'exploitation était impraticable comme trop dispendieux, exigeant une perfection dans les préparations de la terre qu'on ne peut obtenir des moyens ordinaires du pays qu'en s'adressant à la main-d'œuvre, et celle-ci étant fort rare et fort chère dans la localité que j'habite, j'ai eu recours aux instruments accélérateurs du travail. J'ai pris le parti d'organiser mon exploitation d'après les principes de la culture perfectionnée..... Je sentis que, pour réussir dans mon dessein, il n'y avait qu'un moyen : c'était d'envoyer un de mes fils à l'Institut agricole de Roville, pour y étudier ces détails de pratique et d'exécution qui, en agriculture comme en toute autre affaire, sont la condition *sine quâ non* du succès. L'objet principal de sa mission était de s'instruire dans la fabrication, la direction et l'emploi opportun de tous les instruments perfectionnés. Je sentis que je faisais bien peu pour moi et rien pour le pays si je n'établissais la fabrication de ces instruments. Après avoir quelque temps essayé d'enseigner cette fabrication à des ouvriers de la ville, je me vis forcé d'annexer une forge à mon exploitation...... Dans cette entreprise qui avait un côté d'utilité publique, j'avais droit d'espérer, de la part du public un peu de reconnaissance, ou du moins un peu d'approbation. J'ai été contrarié et peu encouragé. J'ai eu besoin d'user d'une constance à toute épreuve. »

Le zèle de la vulgarisation et l'amour du bien public sont héréditaires dans la famille des Rodat. Il y a environ cent ans, le grand-père entreprit un long et pénible voyage dont le seul but était de se procurer des semences des espèces fourragères les plus précieuses, pour partager ensuite son butin avec ses compatriotes. Le père, à son tour, fut l'introducteur de la fenasse, qui s'adapte mieux que les légumineuses aux terres peu riches du Ségala. Il est le fondateur de la presse agricole dans le département de l'Aveyron. Il publia, en outre d'une revue périodique, la *Feuille villageoise*, un traité *ex professo* que tous nos cultivateurs se trouvent bien de prendre pour guide. Le père et le fils associèrent, comme nous l'avons vu, leur énergie et leur dévouement pour introduire et implanter parmi nous l'usage des instruments perfectionnés.

Animé par cette grande pensée, le propriétaire actuel d'Olemps s'en alla passer deux ans à l'école de Matthieu de Dombasle. Rentré chez lui, il se fait à la fois forgeron et conducteur de charrue, et ce n'est qu'à ce prix qu'il peut venir à bout de l'aveugle résistance des valets et des maîtres. La lutte dura vingt ans. Grâce à cet intelligent confrère, à cet excellent concitoyen, la charrue de Dombasle est aujourd'hui entre les mains de presque tous les laboureurs de l'arrondissement de Rodez, et se trouve plus ou moins répandue dans tout le département de l'Aveyron ainsi que dans les départements circonvoisins. Grâce à lui notre contrée est, sous ce rapport, la plus avancée peut-être de la France entière, sans en excepter la banlieue de Paris. L'améliorateur de notre ancienne race ovine par l'infiltration du sang anglais, c'est encore M. Rodat, et ses efforts pour consolider cette conquête n'ont pas été moindres que les avantages obtenus.

Pour tant d'utiles créations, pour de si glorieux services, une médaille et ce peu de mots : « A M. Rodat, d'Olemps, pour son troupeau et la construction de sa bergerie ! »

M. Rodat, *de Druelle.* — Si l'agriculture est autre chose qu'un passe-temps pour les riches oisifs en villégiature, autre chose qu'une manière hygiénique de se ruiner; si au contraire elle a pour but d'accroître la richesse publique et privée par une application utile du travail, l'agriculteur dont nous avons maintenant à nous occuper est certainement un de ceux qui, à prendre la France entière, ont le mieux compris et rempli les devoirs de leur état, qui se sont rendus le plus dignes de leur titre.

En parlant de lui-même au début d'un mémoire qu'il adressait, en 1843, au jury du concours pour la prime départementale, M. Rodat se traite de « modeste cultivateur ». La vérité de ces paroles se prouverait assez par elles-mêmes, mais la modestie de ce praticien ressort bien mieux encore de ses actes. En lui, rien qui ressemble à ces hommes tout fard et tout clinquant, dont l'occupation principale est de se mettre en scène, et qui se décident à tous les sacrifices pour acquérir un renom de mauvais aloi. Il ne cherche point à nous éblouir par le faux éclat d'une production factice, superficielle, illusoire; mais il s'attache à nous démontrer par l'exemple qu'en joignant la prudence à l'esprit de progrès et d'entreprise, l'assiduité à l'activité, et à l'intelligence le bon sens, on peut faire marcher de front et du même pas l'amélioration de ses terres et l'amélioration de sa fortune. Aussi les étapes de la carrière de M. Rodat ne se comptent point par des échecs et des revers, et sa longue pratique agricole nous offre une suite non interrompue de succès, une augmentation rapide et toujours croissante de l'héritage patrimonial. Telle est l'agriculture dont l'heureux fermier de Druelle fait profession : personne n'oserait le nier, c'est la seule qui soit digne d'imitation et, par suite, d'encouragement.

Par un sentiment de déférence qui l'honore, M. Rodat, de Druelle, ne s'est mis sur les rangs pour la prime départementale qu'en 1844. L'arrondissement de Rodez venait d'obtenir trois fois de suite cette récompense dans la personne de MM. Rodat, d'Olemps, Durand et le général Tarayre ; il était temps d'y faire participer les autres parties du département. La prime fut donc adjugée cette fois à M. Guiraud, un agriculteur distingué de l'arrondissement de Saint-Affrique. L'année suivante, la candidature de M. Rodat échouait encore devant celle de M. de Monseignat. Mais, comme nous l'avons noté précédemment, celui-ci dut en partie la victoire à un genre de supériorité si fugitif, si chimérique et si funeste que le vaincu avait grandement à se louer d'avoir le dessous à pareilles enseignes. En 1846, M. Rodat recevait enfin le juste prix de son mérite. Voici les passages qui le concernent dans le rapport du concours de 1844 :

« Au couchant de Rodez et à la distance de 1 myriamètre, à peu près, on trouve le domaine de Druelle, qui s'étend sur un de ces plateaux que l'on rencontre çà et là, mais trop rarement, dans notre pays accidenté. Ce domaine est composé de 189 hectares, dont 20 appartiennent à la formation calcaire et 169 au micaschiste, connu dans le département de l'Aveyron sous le nom de ségala. Au moment où M. Rodat en prit possession, ce domaine valait 80,000 francs, au dire de feu M. Couderc, de Valady, expert aussi entendu que consciencieux. L'acquisition d'une petite propriété a porté cette valeur à 90,000 francs. Telle était en quelque sorte le fonds de boutique transmis à M. Rodat, de Druelle, et sur lequel son industrie s'est exercée. Aujourd'hui, on peut dire que la valeur de la propriété a été triplée, puisque le revenu, qui atteignait à peine 3,000 francs, a été porté à 9,000 francs.

» Ce résultat est d'autant plus digne d'attention que, tout considérable qu'il est, il n'a rien d'improbable ; que tous les éléments en sont à découvert et qu'ils ont été mis en quelque sorte sous nos yeux. Les terres de Druelle étaient, à la vérité, pour la plupart, mauvaises et même improductives en plus d'un lieu. Quels ont été les moyens de cette brillante métamorphose ? L'eau, le fumier et l'alternance. On peut dire que M. Rodat a su mettre habilement en œuvre ces trois grands agents de la fertilisation.

» Parmi les propriétés qui composaient le domaine de Druelle, se trouvait une assez vaste étendue de landes incultes que feu M. Rodat père avait achetées au prix de 60 francs l'hectare. C'étaient des terres spongieuses, que la surabondance des eaux rendait impropres à toute espèce de production. Les assainir par des fossés couverts n'était qu'une idée vulgaire qui se présentait d'elle-même. M. Rodat avait des vues bien plus étendues. Il a conçu tout à la fois un plan de défrichement et d'irrigation. — 10,000 mètres de conduits souterrains, solidement construits, ont été systématiquement liés entre eux et dirigés de manière à rassembler les eaux dans un vaste réservoir. Ce réservoir se vide par des aqueducs qui, à travers un espace d'environ 2 kilomètres, portent l'eau alternativement dans les basses-cours et dans les étables, d'où elle se rend, après les avoir lavées, dans des réservoirs moins grands, disposés de manière à distribuer l'irrigation sur les prairies. En sortant de ces réservoirs pour se rendre à la prairie, les eaux lavent les rues du village et deviennent ainsi un moyen de salubrité publique en même temps qu'elles acquièrent de plus en plus des germes de richesse pour leur maître. Je ne connais pas dans le département une irrigation mieux entendue, plus intéressante, plus féconde dans ses résultats. Pendant qu'elle alimente 200,000 kilogrammes de foin naturel, elle assainit des landes qui deviennent par là des terres propres à la production des fourrages artificiels. Améliorées par le séjour de ces fourrages et plus encore par le fumier qui en provient, ces landes sont devenues de bonnes terres.

» Le principe de cette amélioration est facile à sai-

sir et l'ensemble du système se développe de lui-même
Le nombre des bêtes à grosses cornes, qui n'était que
de treize, a été porté à quatre-vingt-dix-sept, celui des
bêtes à laine a été augmenté aussi, de façon que le
revenu du bétail est monté à plus de 6,000 francs.
Mais en même temps les engrais produits par ce même
bétail réagissent nécessairement sur la culture des
céréales. Le produit en seigle, de 5 pour 1 s'est élevé
à 10. D'ailleurs M. Rodat, pour accélérer la marche de
son amélioration, a pris le parti d'acheter une certaine
quantité de fumier et de louer une prairie aux environs
de Rodez.

» Rigide observateur de la bonne méthode, il fait
usage des instruments perfectionnés, et ses terres sont
assolées d'après les principes de la culture alterne... »

On a négligé dans ce rapport de porter au compte
de M. Rodat l'un de ses meilleurs titres, énoncé comme
il suit dans son mémoire : « J'ai été un des trois premiers qui ont employé les instruments perfectionnés,
puisque j'ai commencé en même temps que M. Rodat,
d'Olemps, et M. Durand, de Gros. Je n'ai pas besoin
de vous dire tout ce qu'il m'a fallu de constance et de
force de volonté pour lutter contre les usages reçus et
les mauvais vouloirs des valets de ferme. Aujourd'hui
tous mes labours sont exécutés à la charrue à versoir,
et mes voisins, même les plus récalcitrants, suivent
mon exemple. »

Le rapport de 1844 constatait que M. Rodat, par
d'habiles opérations agricoles, avait triplé la valeur de

son capital d'exploitation en moins de vingt-cinq ans. Le rapport de l'année suivante signalait déjà une nouvelle augmentation du revenu de la terre de Druelle ; en voici les termes. « Ainsi, non-seulement M. Rodat a porté, en 1845, son revenu net de 9,000 francs à 10,000 francs, et le nombre de ses bêtes à cornes de quatre-vingt-dix-sept à cent, mais encore les 60 à 70,000 kilogrammes de fourrages artificiels qu'il est parvenu à engranger et l'assainissement d'un pré naturel au moyen de 1,800 mètres de saignées souterraines, ont rendu désormais inutiles l'achat du fumier et le louage du pré dont il avait eu besoin précédemment. De plus, il a considérablement accru la masse des chaulages qu'il a étendus à 10 nouveaux hectares en sus de 8 hectares déjà chaulés en 1845. Il a même fait les frais de la construction d'un four à chaux. Dans leur vérification de cette année, MM. les commissaires ont été frappés particulièrement de l'effet de ces chaulages sur les semis de plantes fourragères dont les pousses étaient d'une étonnante richesse, comparativement à la végétation privée de ce puissant stimulant.

» Enfin, ce qui met hors de doute la valeur des perfectionnements réalisés par M. Rodat, c'est qu'il a conquis les suffrages des cultivateurs qui l'avoisinent, ce qui peut être, à bon droit, considéré comme le témoignage le plus irrécusable de son mérite. »

La prime d'encouragement accordée à M. Rodat porta ses fruits : elle consacrait une situation déjà très-prospère, et elle vint donner au développement de cette prospérité une impulsion nouvelle. Le drainage est mené à fin sur toute l'étendue du domaine, de nouvelles irrigations sont exécutées, les prairies artificielles s'étendent, le chaulage conquiert toutes les terres schisteuses à la culture du trèfle et du froment; les champs sont nettoyés des pierres qui les encombrent, et qu'on utilise à garnir des fossés d'assainissement ou à former des murs de clôture; les chemins se bordent de haies vives, les pentes inaccessibles à la charrue et livrées au ravage des eaux se couvrent de chênes ou de châtaigniers, et enfin l'accroissement du cheptel vient nécessiter des constructions nouvelles. Le nombre des têtes de gros bétail, qui s'était élevé successivement de *quinze* à *quatre-vingt-dix-sept* et à *cent*, est aujourd'hui de *cent vingt-sept*.

Les entreprises de M. Rodat, si bien calculées et si bonnes d'elles-mêmes qu'elles puissent être, sont néanmoins insuffisantes pour expliquer un état aussi florissant. Nous sommes disposé à lui attribuer pour base principale les grandes qualités administratives des chefs de l'exploitation, c'est-à-dire les principes d'ordre, de régularité et de discipline dont ils sont imbus, et sous l'influence desquels se réalise, dans la dépense des forces, l'économie la plus parfaite dont l'industrie agraire soit susceptible. C'est en parlant de la ferme de Druelle que M. d'Ussel eût pu dire en toute vérité : « L'impression qu'on ne peut s'empêcher d'éprouver en arrivant dans la propriété est celle de la surprise inspirée par cette bonne tenue générale, qui décèle un esprit d'ordre et de régularité aussi parfait qu'il est plus rare. »

Cette appréciation qui, appliquée à l'exploitation de M. de Monseignat, est presque un sarcasme, ne rend qu'à demi l'intérêt et l'admiration que nous avons ressentis en étudiant dans toutes ses parties le ménage rural dirigé par M. et Mme Rodat, de Druelle. Néanmoins, au jugement de la Commission régionale, les chefs et les organisateurs de ce bel ensemble d'administration agricole sont tout bonnement des *draineurs* et des *irrigateurs !*

M. J.-A. DURAND. — L'histoire de ce vieil agriculteur, toujours jeune d'audace et d'énergie, serait longue à dire : mais est-il un Aveyronnais à qui elle ne soit familière comme la légende ? Nous pourrons donc sans préjudice nous contenter de rappeler quelques-uns des faits saillants qui ont marqué cette carrière de cinquante laborieuses années.

Citadin de naissance et élevé pour le barreau, M. Durand avait été fait cultivateur par la nature, et la vocation l'emporta. Donnons-lui la parole pour nous faire connaître son entreprise, nous exposer son plan d'opération et les résultats réalisés :

« Passionné pour l'agriculture et ne pouvant donner un libre essor à mon penchant par la culture de quelques pièces éparses que je possédais dans les environs de Rodez, je résolus d'acheter un domaine exploitable d'une manière un peu régulière.

» En 1819, le domaine de Gros, commune de Saint-

Mayme, canton de Rodez, fut à vendre. J'en fis l'acquisition contre l'avis de mes meilleurs amis qui me représentaient que c'était folie de me mettre dans la nécessité de vendre des pièces très-productives en achetant un domaine dont tous les exploitants, propriétaires et fermiers, s'étaient ruinés. En effet, une récolte de trente charretées (189 hectolitres) de froment, obtenue sur ce domaine, était un événement religieusement conservé par ses traditions, comme extraordinaire ; et presque jamais on n'avait récolté assez de blé de mars pour nourrir les travailleurs du domaine toute l'année. Cependant, l'on y semait environ 80 hectolitres de tous grains.

» 20 hectares de pré, dont 10 assez bons et 10 de mauvais, étaient la principale ressource du domaine. Le restant se composait de 35 hectares de pâtures, 10 hectares de bois et 58 hectares de champs. L'on nourrissait sur ce domaine cent cinquante bêtes à laine au plus, huit à dix juments ou vaches et trois paires de bœufs de labour, le tout fort médiocrement.

» La faible production de ce domaine et son peu de valeur qui en était la conséquence, sont constatés : 1º par une estimation d'experts de l'an 1819 et un extrait de la matrice cadastrale (voir ces pièces au dossier); 2º par la vente qui en fut faite en justice, à un sixième au-dessous du montant de ladite estimation, et ce en présence et après l'enchère de sept à huit concurrents.

» Le domaine d'Arsac, qui aujourd'hui est réuni à

celui de Gros, était composé à peu près des mêmes éléments que ce dernier, avec un quart de contenance et d'infertilité en plus; il avait mêmes attelages, même bétail. Ses produits étaient cependant moindres en céréales et en bestiaux. Sa valeur en 1821 est constatée par un rapport d'experts en forme (voir cette pièce au dossier). L'état de morcellement de ces deux domaines, qui en rendait impossible la culture régulière, est constaté par leurs plans géométriques (voir ces pièces au dossier).

» Suivre les errements de mes prédécesseurs m'eût conduit à une ruine certaine... Un système nouveau pouvait seul me faire trouver des moyens d'existence et de bien-être dans les terres où s'était consommée la ruine de ceux qui en avaient méconnu les dispositions naturelles, et qui étaient restés étrangers au progrès de l'art agricole. Voici celui que j'adoptai : 1° couvrir mes terres de végétaux, principalement de plantes fourragères vivaces, de manière à restreindre mes labours et toute la main-d'œuvre en général, tout en retirant, annuellement et sans interruption aucune, un produit de chaque partie de ma terre et en augmentant sa fertilité ; 2° utiliser, pour l'établissement de vastes prairies, les sources qui jaillissaient dans mes terres, les ravins qui les traversaient et la rivière d'Aveyron qui les bordait ; 3° débarrasser mes champs des pierres qui les couvraient, et utiliser ces dernières à la réparation des chemins d'exploitation et à la construction de nombreuses galeries souterraines, destinées à assainir de nombreuses parties de champ et de pré, où l'eau transpirait sans cesse ; 4o réunir la foule de petits champs qui composaient mon domaine, et le débarrasser des clôtures qui en couvraient une grande partie, en même temps qu'elles faisaient obstacle au jeu des instruments perfectionnés, etc. (Voir les développements de mon système dans un article intitulé : *Quelle est la direction qu'il convient de donner à l'agriculture aveyronnaise?* ledit article inséré au numéro de la *Revue de l'Aveyron* du 14 novembre, lequel se trouve au dossier.)

» En résumé, le résultat de mes diverses opérations agricoles est d'avoir, *sans avances, et par l'emploi d'une partie des produits seulement et de moyens que tout le département pourrait mettre simultanément en usage*, TRIPLÉ, en dix-huit ans, le produit du domaine de Gros ; d'avoir plus que DOUBLÉ, en dix ans, celui d'Arsac, et d'avoir mis en voie croissante de prospérité les 300 hectares qui composent ces deux domaines......

» Si je devais parler de l'influence que j'ai exercée sur les progrès de l'agriculture, je dirais que je suis des premiers qui ont adopté les instruments perfectionnés ; que j'ai puissamment contribué à répandre et à perfectionner l'engraissement des bœufs et des moutons, et que je suis parvenu à engraisser annuellement sur mon exploitation plus de cent bœufs et sept à huit cents moutons.... je dirais que j'ai obtenu ce résultat en même temps que je portais le produit de mes céréales à 1,200 hectolitres, années communes, tandis qu'avant moi l'on y en récoltait à peine 500 ; je dirais encore que, dans une question vitale pour l'agriculture, dans la question de l'usage des cours d'eau pour l'irrigation, j'ai été aux prises avec les industriels de Rodez et de ses environs, meuniers, foulonniers, filateurs, etc., et qu'après une lutte de deux ans, je suis parvenu à détruire les préventions de l'administration et à faire reconnaître les droits de l'agriculture et la concordance de ses intérêts avec ceux de l'industrie. Une ordonnance royale du 12 octobre 1828 autorisa la construction de mon canal.

» La Société royale et centrale d'agriculture de Paris ayant mis au concours les *Recherches sur la législation des irrigations*, je lui adressai un résumé des raisons que j'avais fait valoir pour obtenir l'autorisation de faire ma dérivation, et elle me décerna, le 7 avril 1839, la médaille d'or qu'elle avait promise au meilleur mémoire. Je crois pouvoir revendiquer la première idée de l'irrigation de la France au moyen de dérivations en grand, entreprises par le gouvernement. Cette idée, que j'ai émise dès 1820 et que j'ai développée depuis à maintes reprises, a été, depuis quatre ou cinq ans, adoptée par plusieurs journaux et a l'espoir d'un commencement prochain de réalisation.

» J'ai fait des expériences en grand sur l'application de la chaux à l'agriculture, et j'ai publié les avantages que j'en ai retirés et signalé l'avenir de prospérité qu'elle promet à notre pays . . . . »
(*Mémoire de M. Durand pour le concours départemental de 1840.*)

La prime annuelle de 1841 fut attribuée à **M. Durand** ; au concours de l'année précédente, sa candidature n'avait succombé qu'après une lutte très-vive, bien que parfaitement courtoise et honorable pour les deux parties, entre lui et son vénérable doyen et maître, **M. Amans Rodat.**

L'œuvre dont nous venons d'ébaucher le tableau avait pris un développement rapide sous l'impulsion de dix années d'un travail énergique et incessant, lorsque l'établissement agricole de Gros se vit tout à coup privé de son chef. Ici nous touchons à un côté de la vie de M. Durand que nous n'avons pas à examiner. Bornons-nous à dire qu'à la fin de l'année 1851, des événements publics auxquels il se trouva mêlé l'enlevèrent brusquement à ses travaux. La lourde charge d'une exp'oita-tion ayant 300 hectares de terre pour théâtre, mise en jeu par un nombreux personnel et pivotant sur des opérations d'un ordre spécial et fort difficile, retomba tout entière sur deux femmes qui acceptèrent bravement leur situation et firent tête pendant plusieurs années à toutes les difficultés de leur tâche avec un courage, une énergie et un succès qui leur ont valu toutes les sympathies et qui méritent notre hommage. Le retour de M. Durand paraissant indéfiniment ajourné, on se décida à louer le domaine, qui fut partagé entre trois fermiers payant ensemble un fermage de 19,775 fr. 50 c.

Cependant l'amour si intense que M. Durand avait voué à son art ne se démentait pas au milieu des circonstances les plus pénibles. Pendant que la fièvre et la nostalgie ravageaient les rangs des nombreux compagnons que le sort commun lui avait donnés, sa tête chauve, sous le regard du soleil d'Afrique, enfantait, dans un tranquille enthousiasme, une foule de projets de colonisation, de défrichements, de desséchement de marais, etc. Bientôt, profitant d'une offre adressée à toutes les personnes de sa catégorie, il se fait colon, et fonde une vaste exploitation qu'il dirige pendant plusieurs années sans s'inquiéter des miasmes mortels qui l'enveloppent au milieu de la plaine marécageuse où il a dressé sa tente. Enfin sonne pour lui l'heure de la repatriation ; son premier soin, en arrivant chez lui, est de donner congé à ses fermiers, qui l'acceptent d'autant plus à contre-cœur qu'ils ont réalisé déjà, dans l'espace d'un court bail, de magnifiques bénéfices.

Un an après avoir repris la direction de sa ferme, M. Durand signale sa rentrée dans le pays par sa réapparition au concours de Nîmes, où il retrouve tous les succès auquel il était habitué jadis. Mais plus ambitieux cette fois, il mène lui-même sa bande victorieuse contre de nouveaux et plus redoutables adversaires, et fait saluer, lui le premier, le pavillon de l'élevage aveyronnais au concours national de Poissy, où un deuxième prix lui est décerné.

M. Durand était arrêté, depuis plus de vingt ans, par des difficultés administratives, dans l'achèvement ardemment souhaité de son grand travail d'irrigation commencé en 1829 par la construction d'une digue sur l'Aveyron et d'un canal long de 3 kilomètres. Après de nouvelles tentatives, et grâce aux dispositions éclairées de l'administration actuelle, ces difficultés ont enfin été aplanies, et M. Durand met en ce moment la main à l'exécution de son projet le plus cher et le plus vaste, dont le but est d'ajouter 3 nouveaux kilomètres à son canal de dérivation et d'élever, par un moteur hydraulique, un volume d'eau considérable sur les hauteurs de Gros pour abreuver et laver largement les étables, et porter à flots les eaux de la rivière chargées des fumiers de la ferme sur plus de 100 hectares de terre jusqu'à présent non irrigables.

Nous laissons à des juges plus autorisés que nous sous tous les rapports le soin d'apprécier les œuvres de M. Durand; nous nous contentons de les citer. Pour remplir toute notre tâche, nous croyons devoir reproduire un passage du mémoire de M. Durand pour le concours régional, mémoire qu'il a eu l'heureuse idée de publier. Nous avons déjà exprimé le regret que ses concurrents n'aient pas eu la même pensée. Nous terminerons par quelques extraits des rapports sur les concours pour la prime départementale de 1840 et de 1841 :

« ... En résumé, mes titres à l'obtention de la prime régionale sont :

» 1° D'avoir introduit, dès 1814, la méthode du chaulage, méthode que j'ai appliquée en grand, au point d'employer sur mes terres, dans une année, jusqu'à

800 mètres cubes de chaux, que je fabriquais au prix de 5 francs l'un, dont je ne déboursais guère que la moitié, employant à cette fabrication domestiques et attelages dans les moments perdus pour la culture;

» 2° D'avoir, le premier dans la contrée, c'est-à-dire en 1820, supprimé la jachère par la généralisation de la culture fourragère;

» 3° D'avoir, un des deux premiers dans le pays, employé la charrue Dombasle, et le premier substitué complétement cette charrue à l'araire du pays;

» 4° D'avoir fait, il y a trente ans, plusieurs kilomètres de drainage, et ce de la manière la plus économique, c'est-à-dire au moyen des pierres dont je débarrassais mes champs;

» 5° D'avoir fait des travaux d'irrigation considérables, entre autres huit bassins destinés à utiliser autant de sources; la dérivation du ravin d'Arsaguet et celle de l'Aveyron, au moyen de barrages en pierre et de canaux, dont l'un a 3 kilomètres de long; plus, d'avoir, aux dépens du jet de ce canal, établi une digue, au bord de la rivière, qui garantit 20 hectares de pré de toute inondation;

» 6° De m'être procuré, par le retour de l'eau de mon canal au lit de la rivière, une chute de la force de plus de trente chevaux applicable à divers usages, et que je suis en train d'utiliser pour élever une certaine quantité d'eau pour l'usage de mes étables, de ma cuisine et pour l'irrigation du mamelon environnant ma maison;

» 7° D'avoir fondu en quelques grandes pièces une multitude de petites incultivables par les procédés perfectionnés, à cause de leur exiguïté et de leur irrégularité, et d'avoir formé de grandes prairies aux dépens de plusieurs petits prés, dont les clôtures occupaient une notable partie et faisaient obstacle à une irrigation régulière;

» 8° D'avoir remplacé les murs de clôture, de dispendieux entretien, par des haies d'aubépine qui donnent du revenu;

» 9° D'avoir, aux dépens des murailles dont je débarrassais mes champs, construit une longueur de 116 mètres d'étables, avec granges et greniers superposés, etc., ainsi qu'il a été dit plus haut, dont le service est le plus facile et le plus économique possible;

» 10° D'avoir, avec la pierraille dont je purgeais mes terres, construit des chemins réguliers qui mettent les diverses parties du domaine en communication avec les bâtiments d'exploitation;

» 11° D'avoir formé un domaine dont la culture peut se faire avec plus de perfection et avec un tiers de frais de moins que celle de pareille étendue de terres du voisinage, grâce aux agencements sus-énoncés;

» 12° D'avoir perfectionné dans le pays les méthodes d'engraissement des bœufs, objet pour lequel j'ai obtenu un certain nombre de prix et médailles aux concours de Nîmes;

» 13° D'avoir, par mes recherches sur la législation des irrigations et la pratique de ce mode d'amélioration, obtenu la médaille d'or décernée en 1839 par la Société royale et centrale d'agriculture de Paris;

» 14° D'avoir, en 1841, obtenu la grande prime départementale d'agriculture pour l'introduction de nouvelles méthodes de culture couronnées de succès;

» 15° D'avoir, tout en marchant des premiers dans la voie des bonnes méthodes sanctionnées depuis par l'expérience, résisté à l'engouement général des mauvaises, qui devaient amener la ruine du pays. Non-seulement je n'ai pas planté des mûriers, mais j'ai opiniâtrément combattu, dans le *Journal de l'Aveyron*, l'introduction de cette culture dans notre département, et j'ai vu ses plus ardents promoteurs être les premiers à briser la divinité dont ils avaient propagé le culte. » (*Mémoire* publié en 1860.)

Nous lisons le passage suivant dans le rapport de la Commission d'examen pour le concours départemental annuel de 1840 :

« Mais retournons sur nos pas et, après avoir traversé la riche plaine de Saint-Mayme, pénétrons jusqu'à Gros qui en forme l'extrémité.

» Ici nous allons à pas de géants. Il y a vingt ans à peine que Gros et Arsac étaient de mauvaises fermes, produisant peu et réputées non susceptibles de produire. M. Durand, à l'imagination toute méridionale, a changé la face de toute cette contrée. A des récoltes chétives, à des pâturages rares et de mauvaise qualité, il a fait succéder de riches céréales, des prairies natu-

relles et artificielles de la plus belle venue ; on se croi-
rait transporté dans les vallées plantureuses de la Nor-
mandie en parcourant les prairies que M. Durand a
créées ou améliorées. Il n'a été arrêté par aucune difficulté dans la tâche qu'il avait entreprise. Il a fait
extirper le roc dans les pièces qui en étaient hérissées ;
il a défoncé le terrain à une grande profondeur ; il a,
au moyen d'un barrage sur l'Aveyron, pratiqué un
canal de 2,900 mètres de longueur pour arroser les
prés, et, dans un domaine où l'on pouvait à peine entretenir quelques animaux, il a trouvé le moyen d'engraisser tous les ans cent bœufs et sept à huit cents
moutons. Les frais extraordinaires de l'établissement
de ce canal se sont élevés à 9,000 fr., suivant l'état
fourni par le concurrent. Gros et Arsac ont coûté
120,000 fr.; aujourd'hui ces deux fermes valent plus
de 300,000 fr., et leur produit a suivi progressivement
la valeur intrinsèque du sol.

» Une si grande prospérité agricole aurait lieu de
nous surprendre si les faits n'étaient pas là pour attester les immenses résultats obtenus par M. Durand. »

L'année suivante, le rapport de la Commission départementale confié à la plume de M. Vesin, l'éminent
orateur du barreau de Rodez, et alors procureur du
roi, s'exprimait en ces termes sur le même candidat :

« Si nous avons laissé à Billorgues l'agriculture clas-
sique et méthodique, le progrès lent et continu, c'est
une autre physionomie que nous allons trouver à la

ferme de Gros. La manière de MM. Tarayre et Durand ne diffère pas moins que leur style, et le mot de Buffon n'a jamais été mieux justifié.

» En voyant aujourd'hui le domaine de Gros, ce n'est point une transition ni une amélioration, c'est une transformation que l'on voit. Ce n'est point un système qu'on ait vu naître, grandir, se perfectionner ; c'est une œuvre en bloc, hardiment conçue, rapidement et énergiquement exécutée. Où sont les livres qui ont donné à M. Durand ses inspirations ? Où sont les agriculteurs qui n'ont pas souri d'incrédulité en lisant les proclamations où il annonçait d'avance les merveilles qu'il allait opérer ? Ce canal de 3 kilomètres de longueur pour aller chercher au loin les eaux de l'Aveyron, n'était-ce point une conception gigantesque, désordonnée, sans relation possible entre les résultats et les dépenses ? Cet abandon ou, pour mieux dire, cette proscription de la vieille culture du froment pour y substituer celle des avoines, comme produisant plus et se mariant mieux avec les semences de plantes fourragères, ne choquait-elle pas la pratique la plus enracinée du pays et les préjugés invétérés de nos laboureurs, malgré les déceptions les plus constantes en présence d'une concurrence qu'il n'est pas dans notre destinée, nous ne dirons pas de vaincre, mais de combattre ?

» Aujourd'hui cependant, il faut ouvrir les yeux à l'évidence et reconnaître que M. Durand a bien vu, et qu'une fois le but reconnu, il a marché avec résolu-

tion et succès. Considérez ces vastes plaines, où une multitude d'animaux sont saturés ; considérez ces vastes granges, qui ne suffisent pas à la quantité des récoltes. C'est à peine si la pensée vous viendra de vous armer de l'article 4, posé pour règle du concours. A quoi vous serviront d'ailleurs les procédés de l'analyse et les critiques de détail? Direz-vous à M. Durand qu'il ne justifie pas suffisamment l'exactitude du chiffre de ses dépenses, qu'il n'établit pas d'une manière incontestable le chiffre net de ses revenus? que son évaluation est plutôt approximative que rigoureuse? qu'il étonne plus qu'il ne démontre? que sa manière de cultiver est plutôt une branche qu'un ensemble d'administration agricole? Il nous répondra : « J'ai trouvé
» ici 300 hectares de terres sans blé, quelques attelages
» improductifs, neuf ou dix vaches sans lait, deux ou
» trois cents brebis sans agneaux; aujourd'hui, non-
» seulement je nourris, mais j'engraisse, par masses,
» sept cents moutons, cent bœufs, *au plus fort de la*
» *canicule*, et voilà mes pailles et mes foins, dont mes
» animaux font litière. Quel est celui qui a montré
» comme moi les richesses que recèle notre pays, pour
» la nourriture des bestiaux, seule ressource du pré-
» sent, seule espérance de l'avenir? Laissons donc là
» toutes ces vétilles dont vous me parlez, et montons
» au Capitole..... » Et en effet il y monte.... et, en vérité, on est presque tenté de l'y suivre! »

Le fier et vaillant soldat de l'agriculture, dont les

actions inspiraient ce magnifique langage aux éloquents rapporteurs aveyronnais, et qui, parvenu à sa soixante et onzième année, combat encore au premier rang sous le drapeau du travail et du progrès. M. le rapporteur de la Commission régionale a daigné à peine jeter sur lui un regard en passant : au bas d'une liste de cultivateurs mentionnés pour des œuvres de détail, telles que *la bonne construction d'une bergerie* ou *des labours bien exécutés*, nous découvrons le nom d'un M. Durand, cité « pour sa dérivation de l'Aveyron ! ! »

Nous terminerons cet article par une seule remarque. Le procédé dont on a usé envers le doyen de nos agriculteurs est réputé inexplicable ; néanmoins, si nous étions forcé d'y trouver une explication, nous la chercherions dans la situation exceptionnelle que M. Durand s'est créée jadis par une façon particulière de penser et d'agir en certaines matières qui ne furent jamais du ressort des commissions agricoles. S'il était vrai que la Commission régionale du concours de Rodez eût obéi à des inspirations aussi contraires à son mandat, nous savons quelqu'un que cette conduite blesserait plus vivement que M. Durand lui-même : c'est le souverain, dont les intentions élevées auraient été si misérablement méconnues.

Que pas un Aveyronnais ne l'ignore et que la France entière l'apprenne : une des pages les plus instructives et les plus saisissantes d'intérêt, une des pages les plus monumentales de l'agriculture nationale, notre Rouergue l'a fournie dans les phénomènes de progrès agricole dont il est le théâtre depuis quarante ans. Mais cette page glorieuse reste voilée par une tache dans les fastes rustiques que les commissions régionales ont été chargées d'écrire par la plume de leurs rapporteurs. En effet, on avait reçu le mandat de faire connaître au pouvoir et au pays la situation de l'agriculture aveyronnaise, les voies nouvelles qu'elle s'était frayées, la distance qu'elle avait parcourue, les exemples les plus utiles qu'elle aurait offerts. Eh bien ! on a reconnu que, tout Rouergats que nous sommes, de grandes choses ont été accomplies par nous ; mais ces grandes choses, on a jugé à propos de ne pas les nommer ! On déclare que *jamais prime d'honneur ne fut plus vivement disputée et par des concurrents plus sérieux et plus méritants :* on fait cet aveu, et l'on se dispense de nous donner le moindre aperçu comparatif des œuvres et des ouvriers dont le mérite a motivé un témoignage aussi éclatant ! *On regrette de n'avoir pas plusieurs primes d'honneur à distribuer,* et, en même temps, par la plus étrange logique, on déclare qu'un seul a rempli les conditions posées par le programme du concours, et que ses rivaux se recommandent uniquement par des opérations de détail ! On passe sous silence tous les faits culminants de notre existence agricole, les faits qui mettent le plus vigoureusement en relief les puissantes énergies, les qualités fortes, quelquefois brillantes, de nos natures tout à la fois montagnardes et mé-

ridionales, et qui constituent notre plus légitime orgueil;
— et l'on proclame avec pompe, comme le plus magnifique triomphe de notre agriculture et comme le su-
blime effort de son génie, une pratique et des résultats.... que nous pensons avoir fait connaître !...

L'honneur de notre département, les droits privés,
le crédit et l'influence des grands concours agricoles,
la dignité de l'administration, qui les a organisés et
qui les préside, enfin le respect de la volonté souve-
raine qui les a décrétés dans une pensée toute d'équité
et de sollicitude pour les intérêts de la production,
tout réclame impérieusement contre cette erreur inouïe
devant laquelle nos cultivateurs restent confondus et
découragés.

Pour remplir l'objet de ce modeste mais consciencieux travail, il ne suffit pas que nous ayons montré
ce qu'il y a de vicieux et de regrettable dans les actes
du concours de Rodez. nous avons dû en outre nous
demander si cet accident local n'était pas en partie
l'effet de quelque imperfection dans l'organisation générale des concours pour la Prime d'honneur, et si,
pour empêcher qu'il se reproduise. il n'y aurait pas
certaines modifications à faire dans les dispositions de
cette institution naissante. L'opinion que nous nous
sommes formée là-dessus après y avoir bien réfléchi,
est présentée dans les quatre propositions qui suivent
et que nous soumettons respectueusement aux autorités compétentes :

Nous proposons :

1° Que les débats du concours pour la Prime d'honneur soient publics et contradictoires, c'est-à-dire que les mémoires des concurrents soient imprimés et puissent être réciproquement discutés par eux et en face de tout le monde ;

2° Que la commission d'examen — dont l'avis a naturellement une influence à peu près décisive sur le verdict du jury — cesse d'être exclusivement composée de membres étrangers au département où ils sont appelés à opérer, et qui, par suite, sont tout aussi étrangers à la connaissance de l'histoire et des conditions spéciales de l'agriculture d'un pays qu'ils voient souvent pour la première fois et à travers lequel ils passent en courant pour retourner au plus vite à leurs affaires ; nous proposons que la moitié des membres de cette commission soit prise dans le sein de la Société d'agriculture départementale ;

3° Que, pour écarter un motif de suspicion légitime, il soit interdit aux personnes qui ont l'intention de concourir pour la Prime d'honneur, de faire partie des commissions et des jurys appelés à fonctionner dans un département quelconque de leur région ; car ceci équivaut à la faculté de se préparer, pour l'avenir, dans la mesure de son influence et de son vote, des juges de son choix, — les lauréats de la Prime d'honneur devenant, comme on sait, membres de droit des commissions d'examen pour tous les concours ouverts dans la région ;

4° Que les commissions d'examen soient composées, dans la plus grande proportion possible, de *véritables cultivateurs*, c'est-à-dire de praticiens qui exploitent par eux-mêmes, pour leur compte, à leurs risques et périls, et que les subventions de l'État n'ont pas dispensés de faire connaissance avec les principales difficultés de la profession ; que, surtout, dans l'intérêt de son prestige non moins que dans l'intérêt public, l'administration s'interdise de confier le mandat de juger des agriculteurs sérieux à des agriculteurs déclassés qui se seraient réfugiés dans les emplois administratifs après avoir essuyé une déroute complète sur le champ de bataille de la pratique.

Juin 1861.

P.-S. — Le retard que l'impression de ce Mémoire a subi par suite de difficultés imprévues, nous permet de mettre sous les yeux de nos lecteurs des appréciations du *Journal d'agriculture pratique* relatives au concours de Rodez pour la Prime d'honneur. Nous sommes heureux de nous rencontrer, sur ce terrain scabreux de la critique, avec une autorité aussi grave et aussi respectée que celle de la feuille qui vient d'être nommée et de son éminent écrivain :

« J'arrive à l'attribution de la grande Prime d'honneur : elle a été décernée à M. Hippolyte de Monseignat, pour son domaine du Cluzel, dans l'arrondissement de Rodez. Sept médailles d'or ont été décernées à MM. Barascud, Dissez, Durand (de Gros), Dufau, Rodat (de Druelle), Rodat (d'Olemps) et Itier. En écrivain véridique, je dois constater qu'un des lauréats, M. Durand, a protesté contre la décision du jury et déclaré qu'il refusait, pour son compte, la médaille d'or. Quelques applaudissements ont répondu à la protestation, dont les termes, couverts par les fanfares de la musique, nous ont échappé. L'absence de tous les concurrents à la Prime d'honneur, le vainqueur excepté, au banquet où ils avaient été invités, a été remarquée et interprétée comme un signe de mécontentement.

» Quand nous aurons à exposer avec détail les travaux qui ont valu à M. de Monseignat la Prime d'honneur, nous consacrerons quelques lignes à ses rivaux; mais, dès à présent, nous devons déclarer que le rapport du jury a été unanimement jugé très-incomplet et tout à fait insuffisant pour permettre au public de contrôler sa décision. Après un exposé beaucoup trop sommaire des travaux agricoles de M. de Monseignat, le rapporteur n'a pas daigné consacrer une seule phrase aux fermes des autres concurrents. Il ne les a pas même fait connaître. Il s'est borné à dire que des médailles d'or étaient accordées à messieurs tels et tels pour certaines œuvres agricoles désignées en trois ou quatre mots : bergerie, drainage, dérivation des eaux, labour, etc. De pareils procédés ne pourraient répondre ni aux vœux du gouvernement, qui entend être initié à la situation agricole d'un pays dans ce qu'elle a de plus avancé, ni à l'intérêt général, qui demande à être éclairé et édifié, ni même à la dignité du lauréat vainqueur, qui entend conquérir une gloire sérieusement discutée, et c'était le cas, cette fois, de l'aveu même du rapporteur, qui, au début de son discours, a déclaré que le jury s'était senti fort embarrassé entre des concurrents de mérite à peu près égal... Le crédit des concours régionaux serait gravement compromis si le silence à l'égard de tous les concurrents, sauf un seul, passait dans les habitudes des jurys. Cette façon d'agir a justement blessé M. Durand et ses confrères, et le public, sans se porter juge entre les candidats, a senti comme eux. »

Tout le département a applaudi à ces trop justes observations de M. Jules Duval. Nous y trouvons néanmoins une légère inexactitude à relever. Plein d'une égale bienveillance pour tous les concurrents, ses compatriotes, et comprenant en outre que sa mission de journaliste n'était pas de se poser en arbitre du débat, M. Jules Duval a redouté de se donner l'air de partager les préférences du public en les constatant. Dans cette préoccupation, il a cru pouvoir prêter à nos Aveyronnais, par une licence toute littéraire, une attitude de réserve et de neutralité à laquelle ils n'étaient pas

tenus comme lui, et qu'ils sont loin d'avoir observée.
Oui, certes, le public aveyronnais s'était fait juge entre
les concurrents, et son verdict à lui, on peut l'affirmer
sans hyperbole, a été *unanime, unanimement contraire*
à celui du jury.

En donnant la liste des récompenses distribuées par
le Jury du Concours, le *Journal d'agriculture pratique*
fait observer qu'il ne peut faire connaître « celles qui
ont été accordées aux valets de la ferme primée,
celles-ci n'ayant pas été livrées, nous ne savons pourquoi, à la publicité. »

Les opérations du Concours de Rodez ont présenté
bien d'autres irrégularités de forme dignes de la surprise de M. Jules Duval, et qui semblent trahir je ne
sais quelle précipitation et quel trouble. La distribution des 500 francs réservés aux valets de M. de Monseignat n'a pas été faite, ni proclamée, ni annoncée,
ni mentionnée ; les médailles d'accessit à la Prime
d'honneur n'ont pas été distribuées publiquement ; la
liste officielle des lauréats de la Prime d'honneur, donnée une première fois par le *Napoléonien*, présentait
les noms *par ordre alphabétique :* le rapporteur avait
suivi un tout autre ordre. Enfin, dans cette première
liste, figuraient *sept* lauréats au lieu de *six*. Une en-
tre-parenthèse, placée au bas du rapport de M. d'Ussel, publié dans le *Napoléonien*, nous apprend que
M. ITIER *avait été nommé par erreur......*

Nous ne saurions clore cette discussion d'une manière plus heureuse qu'en répétant les paroles d'une autorité si haute, si puissante et si décisive, sous les auspices desquelles nous nous sommes placé en commençant :

LA LICE N'EST SÉRIEUSEMENT ET RÉELLEMENT OUVERTE QU'AUX PROPRIÉTAIRES OU FERMIERS DE DOMAINES SOUMIS A UNE CULTURE SAGEMENT DIRIGÉE, EN RAPPORT PARFAIT AVEC LES CIRCONSTANCES LOCALES OU ELLE SE TROUVE PLACÉE, BIEN RÉGLÉE DANS SES DÉPENSES ET PRODUCTIVE DANS SES RÉSULTATS.

LE JURY, EN UN MOT, N'A POINT A DÉCERNER UNE PRIME D'ENCOURAGEMENT, MAIS A RÉCOMPENSER LES RÉSULTATS ACQUIS, D'UNE AUTHENTICITÉ INCONTESTABLE, ET DONT L'EXEMPLE PUISSE ÊTRE SÛREMENT INVOQUÉ POUR DÉMONTRER COMMENT L'ÉCONOMIE DANS LES DÉPENSES, L'ORDRE DANS LE TRAVAIL, LE PERFECTIONNEMENT RAISONNÉ DES MÉTHODES CULTURALES, L'HEUREUSE ALLIANCE DE LA SCIENCE ET DE LA PRATIQUE, ET ENFIN UNE JUSTE SUBORDINATION DE LA CULTURE AUX CIRCONSTANCES QUI LA DOMINENT, CRÉENT LA PROSPÉRITÉ PRÉSENTE ET ASSURENT L'AVENIR DES EXPLOITATIONS RURALES.

Instruction de S. Exc. M. Rouher, ministre
de l'agriculture.)

CONCOURS RÉGIONAL

DE RODEZ

Par M. Jules DUVAL (*).

(Extrait du *Journal d'Agriculture pratique*.
20 juillet, 5 et 20 décembre 1861.

PREMIER ARTICLE.

Le Concours régional de la zone qui comprend l'A-
veyron a eu lieu à Rodez, du 18 au 26 mai, par un
temps magnifique, au milieu de l'empressement curieux
des populations, dont l'énorme affluence a été favorisée
dans les deux derniers jours par une réduction de
40 0/0 des tarifs, que la Compagnie d'Orléans a accordée sur la section qui lui appartient, de Montauban à
Rodez, une des merveilles industrielles de la France.
L'enclos du Haras prêté, pour la circonstance, par le
chef de ce service avec la plus louable complaisance,
avait fourni à l'extrémité de la belle promenade du

(*) Ce travail a été revu et corrigé par M. Jules Duval.
(*Note de l'éditeur.*)

Foiral un emplacement aussi commode pour sa vaste étendue en surface horizontale que magnifique par son cadre verdoyant des campagnes, se prolongeant, vers le nord, jusqu'aux cimes neigeuses du Plomb-du-Cantal, et dans tous les autres sens jusqu'à des horizons lointains, qui étaient le théâtre même des travaux à récompenser. De son côté, la municipalité, personnifiée dans son maire. M. le docteur Rozier, dont l'initiative entreprenante égale la haute et vive intelligence, n'avait reculé devant aucun soin ni aucune dépense pour aider la Commission officielle à organiser le Concours, avec ce calcul prévoyant qui fait valoir les produits exposés, tout en facilitant les opérations du jury et l'instruction du public. Grâce à un ensemble d'habiles mesures et d'heureuses conditions de terrain, le Concours régional de Rodez, une ville de 12 à 15,000 âmes, a été au moins égal, sinon supérieur, comme mise en scène, à celui des plus populeuses cités. La semaine, écoulée au milieu des témoignages unanimes d'admiration, s'est terminée par un banquet où l'agriculture a obtenu autant de places d'honneur qu'elle en pouvait souhaiter, par des illuminations, des feux d'artifice, des jeux et des danses populaires qui laisseront d'impérissables souvenirs et dans la contrée qui en donnait le spectacle et dans les vingt à trente mille personnes qui étaient accourues de fort loin pour le contempler. Sauf un incident relatif à la Prime d'honneur, dont nous aurons à parler plus loin, tout s'est passé à la plus grande satisfaction de l'agriculture.

Pour ne négliger aucun enseignement ni aucun plaisir, une exposition florale étalait ses richesses en avant du champ du Concours; la musique renommée du 41e de ligne, appelée de loin, faisait retentir de ses concerts quotidiens les beaux quinconces du Foiral rafraîchis par d'intarissables jets d'eau; le musée du département montrait tous les jours ses trésors au public, et la religion s'associait à toutes ces joyeuses et instructives récréations en bénissant la coupe d'honneur de la main de l'évêque de Rodez, Mgr Delalle, qui, dans un discours tout empreint de couleur rurale et pastorale, s'est fait honneur d'avoir débuté dans la vie par la culture. Je cite tous ces accessoires, non pour le vain plaisir de raconter ou de décrire, mais comme témoignages de l'évolution qui se fait dans les esprits au sujet de l'art agricole, lequel conquiert enfin, en tout pays, le rang d'honneur qui lui appartient. Parmi mes étonnements, en rentrant, après une longue absence, dans ma ville natale, le moindre n'a pas été d'y découvrir UNE RUE DE L'AGRICULTURE, de toute fraîche création. Nulle part du reste, il est juste de le dire, il n'y avait moins à faire pour rehausser les travaux des champs dans l'estime publique. Depuis plus d'un demi-siècle, ils y jouissent, sous l'impulsion de la Société centrale d'agriculture du département, d'une considération justifiée, chez quelques-uns par d'éclatants succès, et même par de brillantes fortunes; chez le plus grand nombre, par une amélioration générale des propriétés et des situations pécuniaires.

La région appelée à prendre part au Concours de Rodez comprenait les sept départements suivants : Aveyron, Tarn, Lot, Cantal, Corrèze, Puy-de-Dôme, Creuse. On ne peut expliquer que par l'éloignement l'absence complète de ces deux derniers départements, qui a été remarquée et regrettée. La Corrèze elle-même, quoique plus voisine, était à peine représentée par quelques lots. Mais ce qui excitait les plus vifs regrets, était l'exclusion officielle de la Lozère, récemment détachée de la région, malgré la plus grande analogie des conditions agricoles. Il est à désirer qu'à l'avenir ce département y remplace la Creuse, qui ne se rattache que par des liens beaucoup moins intimes au groupe naturel du massif de l'Auvergne, lequel donne son cachet caractéristique à la région qui était cette année représentée à Rodez.

Dans ce pays, au climat généralement froid et humide, aux abondants herbages, par conséquent prédisposé par la nature à l'élevage et à l'engraissement, le principal intérêt du Concours était dans l'espèce bovine, qui dépassait, en effet, par le nombre et la beauté des animaux, toutes les espérances. La race d'Aubrac était ici sur son terrain, et elle y a conquis pour toujours un renom et un rang qui lui étaient, jusqu'à ces derniers temps, contestés. On admirait près de cent cinquante bêtes qui, sous une assez grande variété de pelage, où le gris brun tend pourtant à prédominer, présentaient l'identité de formes qui atteste la fixité de la race, jointe à l'harmonie des proportions, qui exprime la vigueur dans la beauté. On en connaît bien aujourd'hui les caractères : de taille moyenne plutôt que grande, le bœuf d'Aubrac a le corps trapu, bas sur jambe, la tête épaisse et ramassée, l'encolure courte, les cornes bien plantées et régulièrement contournées; ses membres solidement établis sur une forte charpente osseuse que relient de fermes articulations, comme il convient à une race destinée à un dur travail sous le rude climat des montagnes. J'ai assisté, il y a près de trente ans, aux premiers concours des reproducteurs de la race d'Aubrac, qui eut lieu à la Guiole : en comparant les plus beaux types de cette époque, qui me sont restés fidèlement en mémoire, à ceux du présent concours, on avait peine à croire à une aussi complète transformation : les premiers prix d'autrefois n'auraient pas osé se montrer aujourd'hui. Par un système soutenu de sélection, par une nourriture plus abondante et des soins intelligents, un petit nombre d'habiles éleveurs, donnant l'exemple à toute la contrée, ont rehaussé la taille, allongé le corps, donné plus de largeur et de profondeur à la poitrine, plus de force à l'encolure, plus de rondeur aux côtes, plus de rectitude à la ligne dorso-lombaire, plus de développement à la culotte, plus d'inclinaison au jarret, plus de souplesse à la peau et de finesse au poil. Ils ont ainsi créé une race en quelque sorte nouvelle, tant elle est régénérée, aux formes extrêmement agréables à l'œil, et qui ne le cède à aucune autre pour la rusticité, pour l'emploi utile des matériaux alimentaires, la puissance de travail, et même pour la précocité et la facilité d'engraissement, si l'on en écarte les races spéciales de boucherie. Malgré les théories exclusives sur la spécialisation, cette réunion de qualités n'a rien de contradictoire, l'ampleur de la poitrine, qui reçoit les organes de la respiration, étant le principe de la santé, aussi nécessaire au bœuf d'engraissement qu'au bœuf de travail : tel est d'ailleurs l'animal complexe dont a besoin l'économie rurale du pays. On admirait, entre tous, un taureau de trois ans de M. Charles Colrat et une vache de M. Ch. Durand, comme réunissant au plus haut degré les perfections de ce beau type : l'un et l'autre ont eu le premier prix de leur catégorie. Un grand nombre de sujets se rapprochaient de ces spécimens d'élite, et témoignaient d'une amélioration générale : que les jambes acquièrent des aplombs irréprochables, et l'idéal d'une race à double fin, pour le travail et la boucherie, sera réalisé. Quant à la spécialisation exclusive, les éleveurs aveyronnais y résistent avec fermeté, parce qu'ils jugent le bœuf indispensable pour le travail de leurs terres, et ils raillent assez volontiers ceux qui entendent réduire ce fort et doux serviteur de l'homme au simple métier d'un gros cochon, comme ils disent un peu irrespectueusement. Ils s'appliquent au contraire à le perfectionner comme bête de travail en développant toutes ses proportions, ce qui fournit à l'engraissement un plus vaste cadre à remplir. Une exposition de bœufs de travail, que la Société d'agriculture a fait coïncider avec le Concours régional, a montré quelle taille et quelle charpente les bœufs d'Aubrac peuvent atteindre.

Les honneurs du Concours pour l'espèce bovine étaient disputés à l'aubrac par le salers, qui appartient à la même région des montagnes, mais plus au nord et au nord-ouest, dans le département du Cantal : les deux races se touchent sans se confondre dans le canton aveyronnais du Mur-de-Barrez. A l'œil, la différence est nettement marquée par la couleur d'un rouge vif, presque toujours pur de toute nuance et de toute tache, qui caractérise le salers. Il est difficile d'expliquer, quand on admet l'influence du milieu ambiant sur les êtres, comment des conditions de climat, de sol, d'herbages, d'eaux, de régime, en tout à peu près pareilles, peuvent produire des races d'un aspect et même d'un fond si différent que l'aubrac et le salers. La race de Salers a quelque chose de plus hardi et l'on dirait même de plus sauvage dans son attitude et ses allures : elle est plus haute sur ses jambes, porte la tête plus au vent, a l'œil plus vif, plus d'entrain et d'ardeur dans le travail comme dans la marche : plus ancienne et mieux fixée, elle imprime à tous ses croisements une marque indélébile. Par un contraste non moins singulier, les taureaux d'Aubrac passent généralement pour supérieurs à ceux de Salers, tandis que les vaches de Salers rétablissent la balance à leur profit : c'était bien l'impression générale qui résultait de la comparaison.

Un défaut commun aux deux races est leur médiocre

aptitude à la production du lait, conséquence à peu près inévitable de la prédominance des aptitudes au travail. Cependant, quoiqu'on ne puisse espérer tout obtenir à la fois, il n'est pas douteux qu'en tenant plus de compte des écussons laitiers dans le choix des bêtes de reproduction, on réussirait à accroître la production du lait, qualité fort précieuse dans une région qui tire un de ses principaux revenus de la fabrication des fromages dits de *forme*, connus sous le nom du Cantal et de la Guiole.

Parmi les autres races, celle dite d'*Angles*, élevée dans le canton de ce nom, dans le département du Tarn, sur les contre-forts de la montagne Noire, était la seule qui fût représentée par un nombre quelque peu important d'animaux. Cette race, qui se distingue à l'œil par un pelage gris blaireau, est plus petite que celle d'Aubrac, avec laquelle on l'allie fréquemment, et, comme cette dernière, elle est rustique, sobre, forte pour sa taille, utilisée pour les charrois et les labours.

Hors de là, les races françaises ne présentaient plus que quelques individus de choix, venant de souche limousine, bretonne, charolaise, lauraguaise, lourdaise, etc., qui semblaient égarées dans un pays qui n'a pas le moindre désir de les adopter, sauf peut-être les limousines que leur vaste charpente recommande pour l'engraissement. Curiosités plutôt qu'enseignements !

La plupart des éleveurs étaient tentés d'en dire autant des durham purs et croisés, représentés par une douzaine de bêtes venues de l'arrondissement de Villefranche et du département du Tarn, et appartenant à deux ou trois propriétaires. Ces animaux étaient remarquables et nul ne contestait leurs titres à des récompenses; mais le Concours, réduit à ces étroites proportions, n'avait rien de bien sérieux, et l'on regrettait de n'avoir pas à distribuer aux aubrac et aux salers une bonne part des récompenses que le programme trop généreux offrait aux durham, absents d'une région qui veut avant tout des bœufs de travail.

Les races étrangères diverses se résumaient aussi dans une douzaine d'animaux de race schwitz, fribourgeoise, devon, hollandaise, etc. On remarquait l'affinité des devon avec les salers, des schwitz avec les aubrac, sans y attacher du reste aucun prix : possesseurs de races qui répondent bien à leurs besoins et à leurs ressources, les éleveurs du massif méridional des monts d'Auvergne repoussent, avec une obstination qui paraît légitime, toute introduction de sang étranger. Trente ans d'expérience leur ont appris combien ces races indigènes se prêtent facilement à toutes les améliorations désirables, tandis qu'à une autre époque on essaya des croisements suisses et l'on n'eut qu'à s'en repentir.

Ce sentiment, profondément enraciné, diminuait beaucoup l'intérêt qui ailleurs s'attache aux croisements. Une trentaine de belles têtes présentaient cependant les alliances de sang les plus variées, parmi lesquelles le salers et l'aubrac tenaient encore le premier rang quand l'éleveur avait croisé en vue du travail, et le durham quand le croisement s'était fait en vue de la viande. D'assez nombreux métis de durham témoignaient d'une tendance croissante sinon encore exclusive vers la spéculation de la boucherie.

Dans l'espèce ovine, le Concours était beau sans être aussi brillant. A côté des races indigènes, dites du *Causse*, du *Ségala* et du *Quercy*, hautes sur jambes, à la laine peu fine et mal tassée, et en somme d'assez médiocre mérite, quoique d'une grande importance commerciale, se remarquait la race du Larzac, originaire du plateau de ce nom dans l'Aveyron, et dont le lait sert à fabriquer les célèbres fromages de Roquefort. Témoin de la beauté des formes, des qualités d'une laine où le sang mérinos s'est infiltré jadis, enfin et surtout de l'ampleur extraordinaire des mamelles, le commissaire du gouvernement a promis de la faire classer désormais comme race distincte, et ce sera justice. Deux ou trois lots de charmoises ont été aussi fort remarqués.

Dans les races étrangères pures figuraient seuls une demi-douzaine de south-down.

Les croisements étaient plus riches, et à côté des traces d'assez nombreux animaux de cette souche anglaise, on comptait de beaux lots de métis provenant du troupeau fondé par le plus célèbre agronome de l'Aveyron, M. Amans Rodat (d'Olemps), à l'aide de béliers new-kent, troupeau soigneusement entretenu et perfectionné par son fils. De la ferme d'Olemps ces métis se sont répandus dans le pays environnant, où ils ont amélioré les races indigènes. Auprès des parcs à moutons, deux boucs de Cachemire, exposés par M. Girou de Buzareingues, député, montraient sous un bel aspect les promesses de l'acclimatation ; mais le goût public ne va pas de ce côté.

Le Concours de l'espèce porcine présentait, à côté des grandes races, longues de corps et hautes sur jambes, de l'Aveyron, du Quercy et du Périgord, de l'Auvergne et du Limousin, de plus gras et ronds spécimens des races anglaises de tous noms, les new-leicester, les york, les berkshire, les hampshire, les essex, les middlesex, etc. Le rapprochement, quoique tout à l'avantage des races anglaises pour l'engraissement, excitait pourtant bien des critiques sur la difficulté d'adapter ces races lourdes aux usages d'un pays où les cochons vont eux-mêmes chercher leur nourriture au dehors, et les ménagères se déclaraient sceptiques quant à la qualité de la chair de ces grosses et lourdes pelottes de graisse blanche et rosée, sans tête ni queue. Cependant les métis de verrat anglais avec les truies du pays trouvaient des juges plus indulgents.

Les animaux de basse-cour étaient peu nombreux, mais bien choisis ; ils n'ont cependant obtenu, eux aussi, qu'une médiocre popularité. Une méfiance instinctive s'attache à ces belles poules de Crèvecœur, de Houdan, de Brama-Poutra, de Cochinchine, suspectées de manger beaucoup et de produire peu ; à ces coqs hauts et superbes de ramage comme de plumage, mais faisant peut-être des poulets pur sang d'une succulence douteuse. Le Jury a déploré, avec l'adhésion des maî-tresses de maison, que les volailles du pays, si fécondes pondeuses, si exactes couveuses, fussent mal à propos sacrifiées à l'engouement des races exotiques, même des autres races nationales : tout au plus estime-t-on les métis. En ceci, comme en tout, l'Aveyron ayant bonne opinion de lui-même et de ses produits, croit à l'efficacité de la sélection et de l'éducation, plus qu'à celle de l'importation et du croisement.

Quelques truites et saumons représentaient la pisci-culture, introduite depuis peu de temps au domaine du Cluzel, par M. de Beaumont, à qui ses essais réus-sis ont valu une médaille d'or.

Après l'espèce bovine, les machines offraient le prin-cipal intérêt, à raison de leur importance capitale, tant pour le perfectionnement des travaux agricoles que comme ressource contre la rareté et la cherté de la main-d'œuvre rustique qui se fait sentir dans l'Avey-ron, de même qu'ailleurs, à la suite de l'émigration des campagnards vers les villes. Il n'y a eu guère de nou-veautés, ni pour les principes ni pour les applications : lancée de fraîche date dans le progrès agricole, la ré-gion montagneuse du centre-sud de la France ne pou-vait prétendre au rôle d'initiative ; mais beaucoup de machines et d'instruments sont venus demander au Concours de Rodez une nouvelle consécration de leurs succès antérieurs. Je citerai entre autres les charrues

Dombasle, Grignon, Howard, Bonnet (tardivement arrivée, mais qui a fait un excellent travail) ; la charrue dos-à-dos, diverses charrues sous-sol, le rouleau Guibal, les herses articulées, le semoir Jacquet-Robillard, la batteuse Damey, la batteuse et le manége Pinet, le manége avec batteuse Capelle (de Montauban), le tarare Collard-Legris, le trieur Vachon, les ruches Hamet, etc. Deux systèmes de drainage, dont un à prisme de bois disposé en triangle évidé, étaient présentés par des entrepreneurs du pays. La vapeur elle-même faisait sa première apparition sur le champ du Concours comme force motrice de diverses machines ; mais on n'y voyait pas l'application la plus intéressante qui en a été faite dans l'Aveyron : depuis quelques années, des locomobiles parcourent les fermes de l'arrondissement de Rodez et y battent les récoltes de grains. Nous renonçons à une plus longue énumération et à tout commentaire pour signaler, comme le fait saillant de cette partie du Concours, l'expérience des machines à faucher, à faner et à râteler, qui étaient tout à fait inconnues dans l'Aveyron. Deux faucheuses du système Wood, fabriquées et perfectionnées, l'une par M. Legendre, de Saint-Jean-d'Angély, l'autre par M. Peltier jeune, de Paris, ont été essayées sur une pièce de luzerne. La machine Legendre a seule mené à fin sa tâche ; la machine Peltier a été arrêtée, après un heureux début, par quelque accident : cependant le Jury, considérant sans doute que cet accident ne provenait pas des vices du mécanisme, a donné à l'une et à l'autre une égale

8.

récompense. Au jugement à peu près unanime des spectateurs, et après une seconde expérience répétée le lendemain sur le domaine de Gros, la faucheuse Wood n'a pas rasé l'herbe assez près du sol, et il reste encore quelque chose à faire pour la rendre pratique. La faneuse, au contraire, du système Nicholson, a opéré à merveille ; il est vrai qu'elle n'a à faire que du désordre, chose toujours plus facile que l'ordre. Le râteau à cheval, de la maison Peltier, a laissé aussi à désirer : il abandonnait en route une partie de l'herbe qu'il ramassait. Il est juste de dire que les machines ont été mises à l'épreuve dans des conditions de terrain très-défavorables. Malgré ces réserves, l'impression a été profonde et sur les maîtres et sur les serviteurs, accourus les uns et les autres avec un empressement extraordinaire : chacun a compris que tout un avenir nouveau s'ouvre devant l'agriculture. Aussi a-t-on vivement regretté que les blés ne fussent pas assez mûrs pour permettre l'expérience de ces machines comme moissonneuses, non plus que celle de Mazier, qui avait été envoyée. On les essaiera quand le moment sera venu ; mais dès à présent la confiance leur est acquise, puisque le seul défaut qu'on leur reproche pour la fauchaison cesse d'en être un pour la coupe des chaumes.

Un seul instrument (1), m'a-t-il paru, était à peu

(1. On nous a signalé depuis lors, comme une invention nouvelle due à un constructeur du pays, une charrue du système dit *tourne-oreilles*, tournant horizontalement sur elle-même. (*Note de M. Jules Duval.*)

près inédit : c'était un râteau porté sur roues, imaginé par M. Jules Bonhomme, de Milhau, pour cueillir la graine de trèfle.

Un résultat, de plus haut prix peut-être que des inventions, a été constaté par le Concours des machines. L'Aveyron devient le centre d'une fabrication très-considérable d'instruments aratoires perfectionnés, qui s'exportent jusque dans les départements limitrophes de la Lozère, du Cantal, du Lot, du Tarn-et-Garonne. Plusieurs constructeurs de Rodez avaient heureusement suppléé au zèle un peu tiède (M. Peltier jeune excepté) des constructeurs éloignés, par des assortiments fort remarquables de machines de toute sorte : à leur tête M. Roques, et après lui M. Vergnes, ont obtenu de nombreuses récompenses, et plusieurs rivaux les ont suivis de près. Pour les instruments d'horticulture, M. Benoît a dignement soutenu l'honneur de la coutellerie de Rodez. Déjà cette ville devient un entrepôt important des machines et des instruments qui ne s'y fabriquent pas encore. Il n'est pas de meilleur augure pour l'avenir agricole du pays.

Les animaux étant la véritable production de l'Aveyron, il n'y avait pas à compter sur un brillant Concours pour les produits agricoles. On y voyait bien tout ce qui se trouve en pareil cas, grains, racines, tubercules, légumes, laines, soies, vins et eaux-de-vie, plantes textiles, huiles, cire et miel, etc., l'igname lui-même y faisait son apparition ; mais tout cela de qualité moyenne plutôt que supérieure. Un seul article devait s'y montrer sans rival au monde : le fromage de Roquefort. Deux ou trois échantillons seulement avaient été envoyés : quelle que fût leur qualité, c'était trop peu pour la quantité. A titre d'Algérien, j'ai remarqué avec un plaisir particulier du très-beau blé dur de la province de Constantine.

Dans son ensemble, le Concours de Rodez a marqué un progrès capital sur le précédent qui avait eu lieu en 1853. En l'inaugurant le 18 mai, à l'ombre de la belle cathédrale de Rodez et de son célèbre clocher, aux pieds d'une statue due au ciseau d'un des plus illustres enfants de la ville (1), le maire a pu dire en toute vérité :

« Il y a huit ans, à pareil jour, sur cette même place, aujourd'hui transformée, nous inaugurions le premier concours agricole de notre région. Alors un modeste hangar élevé sur cette terrasse contenait tous les produits, tous les instruments, toutes les machines. Un seul rang de taureaux attachés à des piquets longeait l'esplanade du Foiral, et sur le reste de l'étendue de cette grande place, quelques petits parcs, dispersés çà et là, complétaient cette exposition à laquelle cependant neuf départements avaient concouru.

» ..... Aujourd'hui l'humble hangar de 1853 a fait place à ces beaux et vastes baraquements qui, malgré

(1) Sanson, par Gayrard.

leur importance, suffisent à peine à la masse des objets amenés au Concours..... »

Traduits en chiffres, ces progrès se résumaient ainsi pour 1861 :

345 animaux de l'espèce bovine.

125 béliers et 54 lots de brebis (groupes de cinq bêtes).

33 verrats et 27 truies pleines ou suitées.

75 numéros pour les animaux de basse-cour.

4 numéros pour la pisciculture.

169 numéros pour les instruments, machines et appareils agricoles.

181 numéros pour les produits agricoles et matières utiles à l'agriculture.

J'arrive à l'attribution de la grande Prime d'honneur : elle a été décernée à M. Hippolyte de Monseignat pour son domaine du Cluzel, dans l'arrondissement de Rodez. Sept médailles d'or ont été décernées à MM. Barascud, Dissez, Durand (de Gros), Dufau, Rodat (de Druelle), Rodat (d'Olemps), Ygrier. En historien véridique, je dois constater qu'un des lauréats, M. Durand, a protesté contre la décision du jury et déclaré qu'il refusait pour son compte la médaille d'or. Quelques applaudissements ont répondu à la protestation, dont les termes, couverts par les fanfares de la musique, nous ont échappé. L'absence de tous les concurrents à la prime d'honneur, le vainqueur excepté, du banquet où ils avaient été invités, a été remarquée et interprétée comme un signe de mécontentement.

Quand nous aurons à exposer avec détail les travaux qui ont valu à M. de Monseignat la Prime d'honneur, nous consacrerons quelques pages à ses rivaux ; mais, dès à présent, nous devons déclarer que le rapport du jury a été unanimement jugé très-incomplet et tout à fait insuffisant pour permettre au public de contrôler sa décision. Après un exposé beaucoup trop sommaire des travaux agricoles de M. de Monseignat, le rapporteur n'a pas daigné consacrer une seule phrase aux fermes des autres concurrents : il ne les a pas même fait connaître. Il s'est borné à dire que des médailles d'or étaient accordées à MM. tels et tels pour certaines œuvres agricoles désignées en trois ou quatre mots, bergerie, drainage, dérivation des eaux, labour, etc. De pareils procédés ne sauraient répondre ni aux vœux du gouvernement qui entend être initié à la situation agricole d'un pays dans ce qu'elle a de plus avancé, ni à l'intérêt général qui demande à être éclairé et édifié, ni aux justes espérances de concurrents distingués, ni même à la dignité du lauréat vainqueur qui entend conquérir une gloire sérieusement discutée : or, c'était le cas, cette fois, de l'aveu même du rapporteur qui, au début de son discours, a déclaré que le Jury s'était senti fort embarrassé entre des concurrents de mérite à peu près égal. M. de Monseignat lui-même, dans ses remarquables rapports des années précédentes sur les primes d'honneur du Cantal et du Tarn, avait montré avec quels scrupuleux détails il convient d'exposer et de comparer les mérites de chaque concurrent. Le crédit des concours régionaux serait gravement compromis si le silence à l'égard de tous les candidats, sauf un seul, passait dans les habitudes des jurys. Cette façon d'agir a justement blessé M. Durand et ses confrères, et le public, sans se porter juge entre les candidats, a senti comme eux.

Puisque je suis en train d'accomplir un devoir pénible, j'ajouterai que tout le monde a été quelque peu surpris du silence absolu gardé par M. l'inspecteur général de l'agriculture, commissaire du gouvernement. On attendait de lui, comme organe du ministre de l'agriculture, quelques mots sur le caractère du Concours de Rodez considéré dans son ensemble, sur les progrès, les écarts, les lacunes constatés par le Jury, sur le rang qu'occupe l'Aveyron dans la région dont ce département fait partie. M. Boitel a gardé un silence absolu. Je ne me permets pas de blâmer sa conduite, parce qu'il obéissait peut-être à des instructions officielles ; mais je suis en toute certitude l'organe officieux des populations, en exprimant le regret qu'elles en ont éprouvé et le vœu qu'à l'avenir les délégués du ministre prononcent au moins un petit discours à l'adresse du public et des lauréats. Chacun s'y attend, et est déçu si son attente n'est point satisfaite. Comme représentant du pouvoir politique, M. le préfet Desmonts a donné l'exemple, en parlant d'une manière générale de l'agriculture avec beaucoup de tact et d'à-propos.

Voici maintenant la liste entière des récompenses

sauf celles qui ont été accordées aux serviteurs de la ferme primée, lesquelles n'ont pas été livrées, nous ne savons pourquoi, à la publicité.

Prix d'honneur.

Une somme de 5,000 francs et une coupe d'argent de 3,000 à M. H. de Monseignat, pour sa ferme du Cluzel, dans l'arrondissement de Rodez.

Médailles d'or.

A M. Dissez, à Cantegrel, arrondissement de Villefranche, pour la perfection de ses récoltes sarclées.

A M. Dufau, pour la bonne disposition de ses constructions rurales.

A M. Rodat, d'Olemps, pour son troupeau et la construction de sa bergerie.

A M. Rodat, de Druelle, pour son drainage et ses irrigations.

A M. Barascud, arrondissement de Saint-Affrique, pour la dérivation des eaux du Dourdou et pour ses irrigations.

A M. Ygrier, colon de M. Barascud, pour la profondeur et la perfection de ses labours.

A M. Durand, de Gros, pour la dérivation des eaux de l'Aveyron.

I. — ANIMAUX REPRODUCTEURS.

1re **Classe.—Espèce bovine.**

1re *Catégorie. — Race d'Aubrac pure.*

Mâles. — 1re *Section.* — Animaux nés le 1er mai 1859 et avant le 1er mai 1860. — 1er prix : M. Coirat, à Montrozier ; 2e, M. Durand, à Sévérac-le-Château ; 3e, M. Mazenc (François), à Onet-le-Château ; 4e, M. Rodat (Henri), à Druelle. — *Mentions honorables* : M. Ricard, à Bertholène ; Mme Granier, à Bertholène ; M. Cayzac, à Onet-le-Château.

2ᵉ *Section*. — Animaux nés avant le 1ᵉʳ mai 1859. — 1ᵉʳ prix :
M. Colrat ; 2ᵉ, M. Delmas, à Montrozier ; 3ᵉ, M. Dauban (Charles),
à Campuac ; 4ᵉ, M. Durand. — *Mentions honorables* : M. Albenque, à Bertholène ; M. Baduel, à la Guiole.

Femelles. — 1ʳᵉ *Section*. — Génisses nées depuis le 1ᵉʳ mai
1859 et avant le 1ᵉʳ mai 1860, n'ayant pas encore fait veau. —
1ᵉʳ prix : M. Carel, à Bozouls ; 2ᵉ, M. Cayla, à la Guiole ; 3ᵉ,
M. Rodat (Henri), à Druelle. — *Mentions honorables* : M. Dauban (Justin), de Pruines ; M. Girou, à Montrozier ; M. Durand.

2ᵉ *Section*. — Génisses nées depuis le 1ᵉʳ mai 1858 et avant le
1ᵉʳ mai 1859, pleines ou à lait. — 1ᵉʳ prix : M. Colrat ; 2ᵉ, M. Durand ; 3ᵉ, M. Valadier, à Lacalm. — *Mention honorable* : M. Mazenc (François).

3ᵉ *Section*. — Vaches nées avant le 1ᵉʳ mai 1858, pleines ou à
lait. — 1ᵉʳ prix : M. Durand ; 2ᵉ, M. Colrat ; 3ᵉ, M. Persegol, à
Saint-Martin ; 4ᵉ, M. Delmas, à Montrozier. — *Mentions honorables* :
M. Albouy, à Rodelle ; M. Chastaing, à Brezous (Cantal).

2ᵉ Catégorie. — Race de Salers pure.

Mâles. — 1ʳᵉ *Section*. — Animaux nés depuis le 1ᵉʳ mai 1859
et avant le 1ᵉʳ mai 1860. — 1ᵉʳ prix : M. Lescurier, d'Espérier
(Cantal) ; 2ᵉ, M. de Lafarge, à Saint-Paul-de-Salers (Cantal) ; 3ᵉ,
MM. Bruel et Coudere, à Giou-de-Mamon (Cantal) ; 4ᵉ, M. Royer,
à Menet (Cantal). — *Mention honorable* : M. Marty, à Séjac
(Cantal) (1).

2ᵉ *Section*. — Animaux nés avant le 1ᵉʳ mai 1859. — 1ᵉʳ prix :
M. Sevestre, à Salers (Cantal) ; 2ᵉ, M. Saphary, à Vic-sur-Cère

---

(1) Une erreur constatée dans la déclaration d'âge du taureau qui avait
obtenu le 1ᵉʳ prix, a fait modifier ainsi qu'il suit l'ordre des récompenses,
par une décision ultérieure du jury :

1ᵉʳ prix : M. de Lafarge, à Saint-Paul-de-Salers ; 2ᵉ, MM. Bruel et Coudere, à Giou-de-Mamon (Cantal) ; 3ᵉ, M. Royer, à Menet (Cantal) ; 4ᵉ, M. Marty,
à Séjac (Cantal).

(Cantal) ; 3e, M. Chaffre, à Villeneuve-la-Crémade (Aveyron) ; 4e, M. Delpech, à Villefranche (Aveyron).

Femelles. — 1re *Section*. — Génisses nées depuis le 1er mai 1860, n'ayant pas encore fait veau. — 1er prix : M. Billié, à Pleaux ; 2e, M. Cadrieu, à Montsolet (Aveyron) ; 3e, M. Guy, à Saint-Bonnet-de-Salers (Cantal). — *Mentions honorables :* M. Chalvignac, à Monet (Cantal) ; M. le comte de Lavaur de Sainte-Fortunade, à Sainte-Fortunade (Corrèze).

2e *Section*. — Génisses nées depuis le 1er mai 1859, pleines ou à lait. — 1er prix : M. Guy, à Saint-Bonnet-de-Salers (Cantal) ; 2e, la sœur Corsin, à l'hospice de Salers (Cantal), et M. Mayniac, à Moussage (Cantal) ; 3e, M. Chalvignac, à Monet (Cantal). — *Mention honorable :* M. Billié.

3e *Section*. — Vaches nées avant le 1er mai 1858, pleines ou à lait. — 1er prix : M. Chapsal, à Aurillac (Cantal) ; 3e, M. Lescutier ; 4e, M. Brunet, à Réquista. — *Mention honorable :* M. Chaffre, à Villeneuve.

3e Catégorie. — Race limousine.

Mâles. — 1re *Section*. — Animaux nés depuis le 1er mai 1859 et avant le 1er mai 1860. — 4e prix : M. le comte de Lavaur de Sainte-Fortunade.

2e *Section*. — Animaux nés avant le 1er mai 1859. — 3e prix : M. le comte de Lavaur de Sainte-Fortunade.

Femelles. — 1re *Section*. — Génisses nées depuis le 1er mai 1859 et avant le 1er mai 1860, n'ayant pas encore fait veau. — 3e prix : M. le comte de Lavaur de Sainte-Fortunade.

3e *Section*. — Vaches nées avant le 1er mai 1858, pleines ou à lait. — 1er prix : M. le comte de Lavaur de Sainte-Fortunade ; 2e, M. Boyer, à Onet-le-Château (Aveyron) ; 3e, M. Galinon, à Sainte-Fortunade (Corrèze).

4e Catégorie. — Races françaises diverses pures autres que
celles ci-dessus.

Mâles. — 1re *Section*. — Animaux nés depuis le 1er mai 1859 et avant le 1er mai 1860. — 2e prix : M. Philippe Olombel, à Mazamet (Tarn).

Femelles. — 1re *Section.* — Génisses nées depuis le 1er mai 1859, n'ayant pas encore fait veau. — 1er prix : M. Philippe Olombel ; 2e, M. Saissac, à Lescourt (Tarn). — *Mentions honorables :* M. Aimé Olombel, M. Galtayries, à Salles-la-Source.

2e *Section.* — Génisses nées depuis le 1er mai 1858 et avant le 1er mai 1859, pleines ou à lait. — 1er prix : M. Philippe Olombel.

3e *Section.* — Vaches nées avant le 1er mai 1858, pleines ou à lait. — 1er prix : M. Pierre Olombel ; 2e, M. Carcenac, à Salles-la-Source. — *Mentions honorables :* M. Pierre Olombel, M. Philippe Olombel.

5e *Catégorie.* — *Race durham pure.*

(Short horned improved.)

Mâles. — 2e *Section.* — Animaux nés avant le 1er mai 1859. — 1er prix : M. Dissez, à Villefranche.

Femelles. — 1re *Section.* — Génisses nées depuis le 1er mai 1859 et avant le 1er mai 1860, n'ayant pas encore fait veau. — 1er prix : M. Dissez.

2e *Section.* — Génisses nées depuis le 1er mai 1858 et avant le 1er mai 1859, pleines ou à lait. — 1er prix : M. Dissez.

6e *Catégorie.* — *Races étrangères pures autres que la race durham.*

Mâles. — 1re *Section.* — Animaux nés depuis le 1er mai 1859 et avant le 1er mai 1860. — 2e prix : M. Philippe Olombel.

2e *Section.* — Animaux nés avant le 1er mai 1859. — 1er prix : M. Philippe Olombel.

Femelles. — 1re *Section.* — Génisses nées depuis le 1er mai 1859 et avant le 1er mai 1860, n'ayant pas encore fait veau. — 1er prix : M. Cabanes, à la Caune (Tarn) ; 2e, M. Philippe Olombel.

2e *Section.* — Génisses nées depuis le 1er mai 1858 et avant le

1ᵉʳ mai 1859, pleines ou à lait. — 1ᵉʳ prix : M. Philippe Olombel.

3ᵉ *Section*. — Vaches nées avant le 1ᵉʳ mai 1858, pleines ou à lait. — 2ᵉ prix : M. Philippe Olombel.

7ᵉ *Catégorie*. — *Croisements durham*.

Mâles. — 2ᵉ *Section*. — Animaux nés avant le 1ᵉʳ mai 1859. — 3ᵉ prix : M. Dissez.

Femelles. — 1ʳᵉ *Section*. — Génisses nées depuis le 1ᵉʳ mai 1859 et avant le 1ᵉʳ mai 1860, n'ayant pas encore fait veau. — 2ᵉ prix : M. Dissez.

2ᵉ *Section*. — Génisses nées depuis le 1ᵉʳ mai 1858 et avant le 1ᵉʳ mai 1859, pleines ou à lait. — 1ᵉʳ prix : M. Dissez. — *Mention honorable* : le même.

8ᵉ *Catégorie*. — *Croisements divers autres que ceux de la 7ᵉ catégorie*.

Mâles. — 1ʳᵉ *Section*. — Animaux nés depuis le 1ᵉʳ mai 1859 et avant le 1ᵉʳ mai 1860. — 1ᵉʳ prix : M. Dijols, à la Guiole; 2ᵉ, M. Yence, à Rodez.

2ᵉ *Section*. — Animaux nés avant le 1ᵉʳ mai 1859. — 1ᵉʳ prix : M. Despeyroux, à Theminettes (Lot); 3ᵉ, Mme Granier.

Femelles. — 1ʳᵉ *Section*. — Génisses nées depuis le 1ᵉʳ mai 1859 et avant le 1ᵉʳ mai 1860, n'ayant pas encore fait veau. — 2ᵉ prix : M. Yence.

2ᵉ *Section*. — Génisses nées depuis le 1ᵉʳ mai 1858 et avant le 1ᵉʳ mai 1859, pleines ou à lait. — 2ᵉ prix : M. Maynial, à Moussege (Cantal).

3ᵉ *Section*. — Vaches nées avant le 1ᵉʳ mai 1858, pleines ou à lait. — 1ᵉʳ prix : à M. Guy, à Saint-Bonnet-de-Salers (Cantal); 2ᵉ, M. Bouissons, à la Rouquette; 3ᵉ, M. Journiac, à Mauriac (Cantal). — *Mentions honorables* : M. Dissez, M. Philippe Olombel.

2ᵉ Classe. — Espèce ovine.

1ʳᵉ *Catégorie. — Races françaises pures.*

Mâles. — 1ᵉʳ prix : M. de Montety, à Saint-Georges-de-Luzençon ; 2ᵉ, M. Hérail (Louis), à Gaillac (Aveyron); 3ᵉ, M. Pégourié, à Durbans (Lot) ; 4ᵉ, M. Foulhiade, à Montvalent (Lot). — *Mentions honorables :* M. Galzin, à Camarès ; M. Lalo, à Durbans (Lot); M. de Monseignat; Mme Granier; M. Raynal, à Millau ; M. Sainpaul, à Onet-le-Château.

Femelles. — (Lot de 5 brebis.) — 1ᵉʳ prix : M. Monestier, à Laissac (Aveyron); 2ᵉ, M. Foulhiade ; 3ᵉ, M. de Montety. — *Mention honorable :* M. Durieu, au Bastit (Lot).

2ᵉ *Catégorie. — Races étrangères pures.*

Mâles. — 1ᵉʳ prix : M. Aureille-Gazard, à Roffiac (Cantal) ; M. de Naurois, à Lacanne (Tarn) ; 3ᵉ, M. Galzin ; 4ᵉ, M. Adrien Rodat, à Olemps.

3ᵉ *Catégorie. — Croisements divers.*

Mâles. — 1ᵉʳ prix : M. Adrien Rodat; 2ᵉ, M. de Naurois; 3ᵉ, M. Caumes, à Saint-Rome de Tarn.

Femelles. — 1ᵉʳ prix : M. Thiers, à Calmels-et-le-Viala; 2ᵉ, M. de Naurois ; 3ᵉ M. Adrien Rodat; 4ᵉ, M. Pégourié.

3ᵉ Classe. — Espèce porcine.

1ʳᵉ *Catégorie. — Races indigènes.*

Mâles. — 1ᵉʳ prix : M. Merlin, à Moyrazès; 2ᵉ, M. Calmettes, à Carcenac.

Femelles pleines ou suitées. — 1ᵉʳ prix : M. Crozes, à Naucelle ; 2ᵉ, M. Dizac, à Brives (Corrèze); 3ᵉ, M. Faucher, à Tudeils (Corrèze).

2ᵉ *Catégorie*. — *Races étrangères*.

Mâles. — 1ᵉʳ prix : M. Banes, à Aubin ; 2ᵉ, M. Gaucher, à Tudeils (Corrèze) ; 3ᵉ, M. de Monseignat ; 4ᵉ, M. Fabre, à Naucelles (Cantal) ; 5ᵉ, M. le directeur de la colonie du Pezet.

Femelles pleines ou suitées. — 1ᵉʳ prix : M. de Monseignat ; 2ᵉ, M. Fabre ; 3ᵉ, M. Buanton, à Rodez ; 4ᵉ, M. Fouilhiade ; 5ᵉ, M. Séguier, à Lempaut (Tarn).

3ᵉ *Catégorie*. — *Croisements divers entre races étrangères et races françaises*.

Mâles. — 1ᵉʳ prix : M. Fouilhiade ; 2ᵉ, M. le baron Decazes, à Monestier-sur-Ceron (Tarn).

Femelles pleines ou suitées. — 1ᵉʳ prix : M. Fouilhiade ; 2ᵉ, M. Brugie ; 3ᵉ, M. Dissez.

4ᵉ **Classe. — Animaux de basse-cour.**

Médailles d'argent : M. Campergue, de Rodez, coq et poules brahma ; M. le directeur de la colonie agricole de Pezet, oies. — *Médailles de bronze* : M. Andrieu, à Onet-le-Château, oies de Caussade ; M. Billoin, à Concourez, coq et poules brahma ; M. Brunet, à Onet-le-Château, coq et poules cochinchinoises jaunes ; M. Fabas, à Figeac (Lot), coq et poules brahma ; M. Guillemin, à Salles-la-Source, coq et poules de Crèvecœur ; M. Médalle, à Albi, pigeons glou-glou ; le même, canards.

II. — MACHINES ET INSTRUMENTS AGRICOLES.

1ʳᵉ SECTION. — EXPOSANTS DE LA RÉGION.

Travaux d'extérieur.

Charrues. — 1ᵉʳ prix, M. Durand, à Gros (Aveyron) ; 2ᵉ, M. Roques, à Rodez ; 3ᵉ, M. Vernhes, à Rodez. — Médaille de bronze : M. Payrac (Auguste), de Rodez.

Charrues sous-sol. — 1er prix : M. Durand, à Gros; 2e, M. Roques.

Herses. — 1er prix : M. Vernhes; 2e, M. Calvet-Rogniat, au château de Veillac, et M. Durand.

Rouleaux. — 1er prix : M. Miran-Alquier, à Ginebret (Aveyron); 2e, M. Monestier, à Lioujas.

Scarificateurs et extirpateurs. — 1er prix : M. Durand; 2e, M. Vernhes.

Houes à cheval. — 2e prix : M. Roques.

Machines à faucher les prairies naturelles et artificielles. — 1er prix : M. Roques.

Râteaux à cheval. — 2e prix : M. Celles, à Réquista.

Râteau à cueillir le trèfle. — Médaille de bronze : M. Jules Bonhomme.

Véhicules destinés aux transports ruraux. — 2e prix : M. Vernhes.

Collection d'instruments à main pour travaux extérieurs. — 1er prix : M. Boutonnet ainé, à Rodez; 2e, M. Vernhes.

Pompes à purin. — 2e prix : M. Ibry, à Aurillac (Cantal).

Ruches. — 1er prix : M. Boudes, à la Garde (Aveyron); 2e, M. Viguier, à Rodez. — Médaille de bronze, M. Frayssinous, de Bozouls.

Travaux d'intérieur.

Machines à fabriquer les tuyaux de drainage. — 1er prix : M. Malrieu, à Saint-Marc (Aveyron).

Machines à battre mobiles, ne vannant ni ne criblant. — 1er prix : M. Calvet-Rogniat.

Tarares. — 1er prix : M. Roques; 2e, M. Jalbert, à Rodez. — *Mention honorable :* M. Chaudières, à Calmont.

Cribles et trieurs. — 2e prix : MM. Tarayre, à Barriac (Aveyron); M. Mayran, à Espalion; M. Calvet-Rogniat. — *Mention honorable :* M. Bel, à Sébazac (Aveyron).

Concasseurs de racines. — 2e prix : M. Roques.

Coupe-racines. — 1er prix : M. Mayran; 2e, M. Roques.

Hache-paille. — 1er prix : M. Roques.

Appareils à cuire les aliments destinés aux animaux. — 1er prix : M. Boutaric, à Villefranche d'Aveyron.

En vertu de l'article du programme qui met à sa disposition 2 médailles d'or, 6 d'argent et 12 de bronze « pour les machines et instruments à quelque section qu'ils se rattachent, non prévus par le programme ou d'un usage local, et qui seront reconnus utiles à l'agriculture, » le Jury a décerné, en outre :

Dans la section des travaux d'extérieur.

Une médaille d'or à M. de Beaumont, au château du Cluzel (Aveyron), pour son exposition de pisciculture ;

Une médaille d'argent à M. Foulquier, de Decazeville, pour une charrue dos-à-dos ;

Une médaille de bronze à M. Cazes, de Rodez, pour sa pompe à pédales ;

Une mention honorable à M. Dubrueil, de Rodez, pour sa pompe à incendie.

Dans la section des travaux d'intérieur.

Une médaille d'or à M. Roques pour un moulin à bras ;

Une médaille d'argent à M. Roques, pour broyeur à écraser les pommes ;

Une médaille d'argent au même, pour pressoir ;

Une médaille d'argent à M. Sudres, de Rodez, pour un siphon ;

Une médaille d'argent à M. Benoît fils, de Rodez, pour collection d'instruments de jardinage ;

Une médaille de bronze à M. Roques, pour broyeur à raisins ;

Une mention honorable à M. Laval, liquoriste à Rodez, pour filtre triangulaire.

2e SECTION. — EXPOSANTS HORS DE LA RÉGION.

Charrues. — Rappel de médaille d'argent pour M. Capelle aîné, à Montauban (Tarn-et-Garonne).

Herses. — 1er prix : M. Peltier, à Paris ; 2e M. Capelle.

Semoirs. — Rappel de médaille d'argent : M. Robillard, à Arras.

Machines à faucher. — 1ᵉʳ prix : M. Legendre, à Saint-Jean-d'Angély (Charente-Inférieure).

Machines à faner. — 1ᵉʳ prix : M. Peltier.

Râteaux à cheval. — 1ᵉʳ prix : M. Peltier.

Véhicules destinés aux transports ruraux. — 3ᵉ prix : M. Capelle.

Ruches. — 1ᵉʳ prix : M. Hamet, à Paris.

Machines à battre mobiles rendant le grain tout nettoyé, propre à être conduit au marché. — Rappel de 1ᵉʳ prix : médaille d'or à MM. Damey et Cᵉ, de Dôle (Jura).

Machines à battre mobiles ne vannant ni ne criblant. — 1ᵉʳ prix : M. Capelle.

Concasseurs de grains. — 1ᵉʳ prix : M. Peltier.

Coupe-racines. — 2ᵉ prix : M. Capelle.

Hache-paille. — 1ᵉʳ prix : M. Peltier.

Barattes. — Médaille de bronze : MM. Charles et Cᵉ.

Buanderie mobile. — Rappel de 1ᵉʳ prix : MM. Charles et Cᵉ.

Le Jury a accordé, en outre, un rappel de médaille d'or à M. Capelle, pour un égrenoir de maïs; un rappel de médaille d'argent à M. Ratel, à Paris, pour une enclume à battre les faux.

III. — PRODUITS AGRICOLES ET MATIÈRES UTILES
A L'AGRICULTURE.

Médailles d'or. — M. Baduel, à la Guiole, fromage; Société des caves réunies de Roquefort, représentée par M. Fraisse fils, de Rodez (rappel de médaille d'or), fromage; M. Rodat, à Olemps, froment, orge, seigle, avoine, betteraves.

Médailles d'argent. — MM. Abel et Charles de La Farge, à Lapierre (Cantal), fromage; M. Clauzel de Coussergues, à Coussergues, betteraves, carottes, navets; M. Combarieu, à Cahors (Lot), blé, betteraves, chanvre; M. Dissiez, aux Pesquiers (Aveyron), vin; M. d'Hauterives, à Enguialès (Aveyron), vin du Fel; M. Lavabre, à Barbarez (Tarn), avoine.

Médailles de bronze. — MM. Barthomeuf et Chousserie, brasseurs à Rodez, bière; Mme la vicomtesse de Beaumont, à Rodez, cocons de vers à soie; M. Buanton père, à Pontviel, betteraves, carottes, navets, fèves, pois, choux, laitues, poires, pommes; M. de Cassan-Florac, à Onet-le-Château, vin rouge; M. Cérès, à Artès (Tarn), vin rouge, asperges, aubergines, tomates, pois verts, pommes de terre; M. Chaymolainé, à Aurillac (Cantal), bière brune; M. d'Hauterives, à Loupiac (Aveyron), pommes de terre; M. Lang, à Viviers, extrait de bois de châtaignier pour remplacer la noix de galle et le sumac; M. Laval, à Rodez, échantillons de liqueurs; M. de Monseignat, à Vors, froment, seigle, colza, chènevis, chanvre, avoine, topinambours, laines, extrait de menthe, eau de menthe; M. de Peyrelade, à Rivière (Aveyron), fromages de Roquefort; M. Puech, au Crot (Aveyron), pommes; M. Viguier, à Rodez, vin du Fel de cinq ans.

Mentions honorables. — M. Bos, à Decazeville, échantillons de liqueurs; M. Jaussions, à Lesclaussade, vin rouge.

Services ruraux.

Alquier (Jean), à Mazamet (Tarn) (1); Douziez (François), à Villefranche; Rocagel (Antoine), à Sévérac-le-Château; Galtier (Étienne-Pierre), à Montrosier; Mazel (Jean), à Sainte-Fortunade (Corrèze); Lespinasse (Jean), à Montvalent (Lot); Vassalle (Jean), à Druelle; Jeancoux (Antoine), à Salers (Cantal); Feix (Annet), à Tadeils (Corrèze); Hugonet (Antoine), à Bartolène; Borne (Jacques), à Saint-Bonnet-de-Salers (Cantal).

La fête s'est terminée par un somptueux banquet de cent vingt couverts offert aux plus hauts fonctionnaires, aux membres du Jury et aux principaux lauréats par la cité et la population ruthénoises.

(1) Je regrette de ne pas donner des détails sur la résidence et la durée des services, titres d'honneur autant pour les bons maîtres que pour les bons serviteurs; mais aucune liste officielle plus complète n'a été publiée.   J. D.

Deux toasts ont été portés : l'un, par le préfet de l'Aveyron, à l'Empereur ; l'autre, à la ville de Rodez, par l'auteur du présent compte-rendu, au nom des étrangers et de la presse agricole, à titre de délégué du *Journal d'agriculture pratique*.

Puis-je ajouter, en terminant, que ce Concours régional agricole m'a paru une occasion propice pour une conférence sur l'*Application de l'agriculture au traitement de la folie*, en prenant pour texte la colonie de Gheel (1), en Belgique ? Dans la grande salle de la mairie, mise à ma disposition, un assez nombreux auditoire a bien voulu me prêter sa bienveillante attention, et il a paru se laisser persuader que l'agriculture, qui fortifie les corps et les esprits sains, peut rendre aussi la santé et la raison aux cerveaux malades.

———

DEUXIÈME ARTICLE.

En rendant compte du Concours régional de Rodez j'ai discrètement indiqué quelques-unes des critiques qui ont accueilli le rapport et la décision du Jury. Depuis lors des débats fort vifs se sont engagés, et une brochure (les brochures envahissent l'agriculture comme la politique !) a discuté à fond les titres du lauréat, et les comparant à ceux des autres candidats, elle déclare

____

(1) Voir mon livre intitulé *Gheel*, ou une colonie d'aliénés vivant en famille et en liberté : Paris, 1860 ; Guillaumin, 2 fr.

ceux-ci de beaucoup supérieurs. En cette délicate con-
joncture, quand même mes sentiments d'amitié ou
d'estime sympathique pour plusieurs des concurrents
ne m'imposeraient pas une stricte neutralité, je refu-
serais de prendre le rôle de juge. Pour juger, il faudrait connaître les diverses fermes concurrentes, et je
n'en connais que deux ou trois. Pour juger, il faudrait
les étudier et les comparer : le peut-on faire en quelques rapides promenades et visites, où l'on ne vous
montre au surplus que la fleur des choses ? Donc, j'en-
tends rester simple témoin et historien du combat.

Mais, en dehors des mérites respectifs des candidats,
quelques principes ont été posés, soit dans le rapport
du Jury, soit dans le débat auquel il a donné lieu, qui
me paraissent appeler une appréciation contradictoire,
parce qu'ils ont pu exercer dans le passé ou pourraient
exercer dans l'avenir une funeste influence. Tout ce
qui tient aux concours régionaux de l'agriculture a
une telle importance, qu'il faut veiller à les préserver
de toute déviation.

Je classe parmi les erreurs l'opinion émise par M. le
comte d'Ussel dans son rapport que « la prime d'honneur n'est pas une distinction affectée à une spécialité
agricole, même hors ligne. Elle n'est pas due à l'agriculteur dont une partie de l'exploitation serait irréprochable et dirigée avec toute l'intelligence possible,
mais bien à celui dont l'ensemble de la culture et des
bâtiments, un heureux choix dans la race et l'espèce
de ses animaux, un matériel convenable d'instruments

nécessaires à l'exploitation, la bonne tenue des étables et des fumiers peuvent servir de modèles dans le département, et auprès duquel on puisse trouver des conseils à suivre et des modèles à imiter. »

Ce passage oppose l'une à l'autre deux idées qui n'ont rien de contraire, l'idée de *spécialité* et l'idée *d'ensemble*. Oui, il faut pour la prime d'honneur que l'*ensemble* de la ferme soit un modèle, et par conséquent que tous les détails convergent avec un mérite supérieur vers le résultat ; mais cet accord de perfections peut se trouver aussi bien dans une ferme où domine une spécialité agricole, que dans celle qui mène de front toutes les branches de l'agriculture. Ainsi, dans les pays de vignes, la spécialité de la viticulture ; dans les pays de mûriers, la spécialité de la sériciculture ; dans les pays d'herbages, la spécialité du bétail, peuvent présenter un ensemble de soins supérieurs et donner droit à la prime d'honneur. Bien plus, c'est presque toujours un acte de sagesse que de savoir reconnaître la spécialité où l'on peut le mieux réussir, et d'en faire le pivot de son exploitation.

Qui ne sait se borner, ne sait pas cultiver.

C'est une saine introduction du principe de la division du travail dans l'agriculture. Cette théorie est d'accord avec le programme ministériel qui attribue la prime d'honneur *à la ferme le mieux dirigée, et qui a réalisé les améliorations les plus utiles.* Dans ces lignes, rien qui indique la nécessité d'une encyclopédie

agricole ou qui exclue les *spécialités*, quand ces spécialités se remarquent dans des fermes d'ailleurs bien
dirigées (ici trouvera sa place l'idée d'*ensemble*), où
elles ont été l'objet d'améliorations importantes, utiles
et pouvant servir de modèles.

Partant d'un faux principe, le Jury de l'Aveyron n'a
pu que faire une fausse application du programme, si
la prime a été refusée à des concurrents par le seul
motif qu'ils se livraient à une spécialité, telle que l'engraissement du bétail : c'était le cas de M. Durand, de
Gros, entre autres, et c'est la raison que nous avons
entendu généralement donner pour expliquer sa défaite. Qu'il eût droit ou non à la prime, nous n'en sommes pas juge ; mais nous savons bien que si tel a été
le motif de la décision, il a porté à faux. Dans un pays
d'herbages comme l'Aveyron, c'est un trait d'habile
et sensée politique en agriculture que de choisir le
bétail comme objet dominant de spéculation, et en fait
de bétail de s'adonner à l'élevage et à l'engraissement,
séparément ou simultanément, suivant qu'on y trouve
le meilleur profit. Il y avait donc à rechercher uniquement si, dans cette voie, les fermes concurrentes étaient
bien dirigées, si elles avaient réalisé des améliorations
importantes, utiles, pouvant être proposées pour modèles, et faire dans tous les cas un mérite plutôt qu'un
grief du choix d'une grande spécialité aussi bien adap-
tée au pays, eût-elle même été exclusive d'autres branches d'agriculture, ce qui n'était pas et ne pouvait pas

être, car le fumier du bétail devient nécessairement, à moins qu'on le vende, l'agent puissant de quelque autre production.

Mais le Jury, égaré par une fausse interprétation du programme, a joué de malheur, et cherchant partout des spécialités à exclure de la Prime d'honneur ou à récompenser par des médailles d'or, il n'a pas vu que toutes les fermes qui se disputaient les prix brillaient par l'assortiment de leurs cultures, et qu'aucune ne poursuivait de spécialité exclusive, car la variété est justement le caractère de l'agriculture aveyronnaise, qui mène de front les céréales et le bétail, avec les opérations multiples qui convergent vers ce double objet de vente. Le Jury pouvait donc, en toute conscience, proclamer la supériorité d'une ferme sur les auters, comme ensemble de direction et pour ses détails, comme initiative et comme résultat ; il ne pouvait, sans s'exposer à de justes démentis, opposer l'*universalité*, si l'on peut dire, d'une ferme, à la *spécialité* des autres.

Nous trouvons une seconde erreur dans un second passage du rapport, qui a cependant obtenu l'adhésion même de ceux qui ont le plus vivement critiqué ce document, sous d'autres points de vue : c'est celui où il est dit que pour mériter la prime d'honneur, il faut en outre « obtenir les produits au prix de revient le plus bas possible... avec des moyens d'action économiques, faire produire à la terre le plus possible, et réaliser le bénéfice le plus élevé. » Pour être dans le vrai, il faut introduire dans cette appréciation un élément de plus, le temps. L'agriculture n'est pas l'œuvre d'un jour et d'un homme ; elle est l'œuvre des familles et des générations se succédant. Il n'y a de revenu de bon aloi que celui qui n'épuise pas le sol ; il n'y a de défaite que celle qu'aucune victoire définitive ne relève. Il peut arriver que des opérations le plus habilement conçues et conduites exigent des avances considérables, frais d'établissement qui ne pourront être amortis qu'en de longues périodes : telles sont celles qui ont pour objet la transformation du fonds lui-même, quand il n'est pas de bonne nature : en ce cas, une routine bien conduite paraît plus lucrative que la réforme la mieux entendue, mais l'avenir rétablit la balance. N'y a-t-il pas d'ailleurs compte à tenir et de la hardiesse des tentatives, et de la vigueur des efforts, et de l'énergie des résistances, et de la grandeur des résultats ? Les vétérans, qui ont ouvert la carrière à leurs risques et frais, doivent-ils être sacrifiés aux conscrits qui n'ont eu qu'à emboîter le pas ? Lorsque Mathieu de Dombasle constituait et dirigeait avec tant d'éclat sa ferme de Roville, très-probablement il y avait dans le voisinage quelques habiles et actifs fermiers qui, en fin d'année, avaient gagné plus d'argent que lui : auraient-ils gagné sur lui la prime d'honneur ? Dans les concours régionaux, concours où doit entrer en compte l'honneur des tentatives et les services rendus à l'agriculture, le chiffre du gain annuel doit sans doute peser dans la balance, mais non d'un poids décisif et absolu, d'autant plus qu'il peut être influencé par des causes étrangères au cultivateur, telles que le voisinage d'une ville, l'ouverture de routes et de nouveaux débouchés, la densité croissante de la population, l'impulsion donnée aux travaux publics, la plus-value des terres environnantes, etc. Il faut bien dire d'ailleurs que la somme des capitaux dépensés reste généralement entourée de mystère, comme aussi le véritable revenu.

On a vivement blâmé toute protestation et toute critique contre la décision du Jury, en soutenant que de tels procédés ébranleraient l'institution des concours, dont l'autorité réside surtout dans l'assentiment public. A cet égard, nous distinguerons entre les droits du public et ceux des candidats. Le public, suivant nous, conserve, en France comme en Angleterre, la pleine liberté de ses opinions, et les décisions d'un jury de concours ne sauraient jouir de l'inviolabilité silencieuse qui est refusée aux jugements des tribunaux et aux arrêts des cours, exécutés mais discutés. Ne faisons pas entrer dans nos mœurs l'admiration ni l'obéissance passives. Quant aux concurrents, nous croyons en effet qu'en acceptant des juges, ils en acceptent d'avance même les erreurs, et que le silence honore les vaincus mieux qu'une protestation même fondée, mais à la condition que le jury motive ses sentences par l'appréciation comparée des divers titres. C'est là une garantie qui, ne fût-elle pas prescrite par le programme, est de plein droit sous-entendue. Si on peut l'omettre, ce que nous n'admettons pas volontiers, dans les cas rares où une éclatante supériorité écarte tout danger de polémique, on ne le peut lorsque le Jury reconnaît *qu'il est bien rare de trouver une victoire aussi vivement discutée, et par des concurrents aussi méritants et aussi sérieux... que le Jury a regretté vivement de n'avoir pas plusieurs primes d'honneurs à distribuer;* lorsqu'il ne pouvait ignorer (quoique la majorité des juges fût étrangère au département, ce qui est une faute d'organisation) que son choix ne serait pas accepté sans contestation par l'opinion publique ni par les concurrents.

Ce silence absolu, qui est une sorte de déni de justice envers l'élite des cultivateurs aveyronnais, m'invite à consacrer un premier article aux travaux des concurrents éliminés, avant de faire connaître avec détails ceux de M. de Monseignat, du Cluzel, le lauréat.

Et d'abord, combien étaient-ils ? Première question à laquelle nous ne pouvons faire de réponse, car le Jury, par une singulière distraction, n'a pas même pensé à dire le nom et le nombre des prétendants inscrits : il a fait connaître seulement ceux qui ont obtenu une médaille.

Ce sont : MM. Dissez, à Cantegrel, pour la perfection de ses récoltes sarclées ;

Dufau, pour la bonne disposition de ses récoltes rurales ;

Rodat, d'Olemps, pour son troupeau et la construction de sa bergerie ;

Rodat, de Druelle, pour son drainage et ses irrigations ;

Durand, de Gros, pour la dérivation des eaux de l'Aveyron ;

Barascud, pour la dérivation des eaux du Dourdou et pour ses irrigations ;

Ygrier, colon de M. Barascud, pour la profondeur et la perfection de ses labours.

Nous reprendrons ces noms dans l'ordre ci-dessus, après avoir dit un mot de la prime départementale d'agriculture, qui sera mentionnée à l'occasion de la plupart d'entre eux. C'est une institution locale qui date de 1842, et qui est due à l'administration préfectorale de M. de Guizard : elle consiste en un prix de 1,500 fr. annuellement distribué au propriétaire qui a réalisé, à ses frais, risques et périls, au moyen d'avances considérables, l'expérience, l'innovation ou le perfectionnement jugé le plus utile aux progrès de l'industrie agricole dans le département, et à l'instruction des cultivateurs. Cette fondation, qui a exercé la plus heureuse influence sur l'agriculture de l'Aveyron, avait préparé les esprits et les propriétés au Concours régional où se sont retrouvés les vainqueurs dans ces luttes antérieures.

M. Dissez.

I. M. Dissez exploite lui-même, à 10 kilomètres de Villefranche, le domaine de Cantegrel, d'une étendue de 130 hectares, sur un plateau élevé inclinant partie au sud par pentes légères, sous un climat doux et humide, favorable à la culture alterne, aux plantes fourragères et même à la vigne, partie au sud-ouest et au nord, en pentes rapides, escarpées, propres aux bois et châtaigneraies. Cette dernière partie a reçu les améliorations de détail qu'elle comporte, par le nettoyage et l'aménagement des bois, par l'ouverture des chemins d'exploitation, par le rabattage ou la greffe d'un grand nombre de châtaigniers ; mais c'est la première et la plus importante partie qui a été le théâtre d'une réforme radicale dans le système des cultures. Par la nature du sol, composé de micaschistes argileux, le domaine de Cantegrel appartient à cette vaste région de terrains primitifs, que dans le pays on nomme *Ségala*, terre à seigle, parce que cette céréale la caractérise à l'exclusion du blé froment. Avant que le propriétaire en prît la direction, Cantegrel était de temps immémorial aux mains des métayers, qui abusaient des meilleures terres par une culture continue, et imposaient aux autres trois récoltes de céréales, après une jachère qui variait de trois à cinq ans. Une fumure que le petit nombre de bestiaux réduisait à 7 mètres cubes à l'hectare ne pouvait prévenir l'épuisement ; aussi le rendement ne dépassait-il pas 6 à 7 hectolitres de grain à l'hectare, et le maximum du revenu du domaine entier 1,600 francs.

Dès le principe, M. Dissez se proposa d'établir la culture alterne et améliorante, et de substituer le blé au seigle. Il atteignit ce dernier point par d'énergiques chaulages (150 à 200 hectolitres à l'hectare) ; pour atteindre le premier il lui fallut un système plus complexe. Il réduisit d'abord la sole des céréales afin d'étendre les jachères en vue de l'accroissement du troupeau et des fumiers. Il attaqua la sole arable conservée par la charrue Dombasle et par la charrue soussol pénétrant jusqu'au sous-sol qui, quoique imperméable, se délite avec facilité par la herse et l'extirpateur ; il fuma sur le pied de 40 à 50 mètres cubes à l'hectare, et jusqu'à 100 sur la sole sarclée. Sur ses terres arables il établit l'assolement suivant :

Première année. Récoltes sarclées sur terrains chaulés pendant l'hiver.

Deuxième année. Céréales.

Troisième année. Moitié en trèfles ; moitié en fourrages divers, tels que vesces, maïs, farrouch.

Quatrième année. Céréales.

On ne sème en trèfle que la moitié de la sole fourragère, afin qu'il ne revienne sur les mêmes terres que tous les huit ans. 70 hectares sont déjà soumis à cet assolement régulier. Deux récoltes sarclées font disparaître toutes les mauvaises herbes.

Non content de cet accroissement de plantes fourragères, M. Dissez étendit et améliora ses prairies naturelles par l'irrigation à l'aide des eaux découlant des champs imprégnées de fumier et de principes calcaires ; il sema des prairies artificielles à base de graminées, avec mélange de trèfle blanc et lupuline sur des terres où le trèfle avait déjà paru.

Les résultats et la récompense de ces travaux se résument dans les rapprochements suivants :

Fourrages. Avant lui : 40,000 kilogr. de foin sec. Aujourd'hui : foin sec ou équivalent, 200,000 kilogr.

Cheptel. Avant lui : 3 paires de bœufs, 7 vaches, 1 taureau, 60 brebis, 1 truie mère, 8 cochons pour l'engrais. — Aujourd'hui : 1 jument poulinière, 4 paires de bœufs, 2 taureaux, 2 vaches, 100 brebis, 1 verrat, 8 truies pleines, 8 cochons pour l'engrais.

Fumier. Autrefois : 240 mètres cubes. — Aujourd'hui : 1,400 mètres cubes.

	AUTREFOIS.	AUJOURD'HUI.
	H. A. C.	H. A. C.
Prés.	9.75.70	13.79.80
Terres arables . . .	66.96.15 { chaulées . .	60.00.00
	{ n. chaulées.	18.64.95
Pâtures	19.19.70	8.31.30
Châtaigneraies . . .	17.62.10	12.77.60
Bois.	16.33.50	16.33.50
	129.87.15	129.87.15

Rendement des cultures à l'hectare.

	Hectol.
Froment.	30
Seigle	22 (autrefois 6 à 7)
Avoine.	36
Orge	36

	Kilog.
Paille, en moyenne. . . .	3,500
Prairies naturelles	4,000
— artificielles. . . .	5,000
Trèfle.	5,000
Farrouch	6,000
Vesces.	5,000
Fourrage-maïs (vert) . . .	30,000
Carottes	50,000
Betteraves	30,000
Raves	20,000
Pommes de terre.	18,000

On emploie dans la ferme la machine à battre Pinet, le coupe-racines, le hache-paille, etc.

Revenu net. Autrefois : 4,600 francs. Aujourd'hui : 8 à 9,000 francs pendant les cinq dernières années.

Cet accroissement de revenus a été favorisé plutôt qu'entravé par la construction d'étables, de granges, de porcheries, de hangars, qui ont remplacé des bâtiments ruraux mal distribués, peu aérés, insuffisants, qui déterminaient de fréquentes épizooties et tombaient en ruines.

La nouveauté, nous ne dirons pas la spécialité, de l'exploitation de M. Dissez se trouve dans l'introduction des durham, dont il a donné avec un succès marqué le premier exemple dans l'Aveyron : il en possède deux taureaux et trois vaches de race pure, et quatre vaches croisées. Il a aussi adopté les types new-kent et south-down pour son troupeau de bêtes à laine, et le type new-leicester pour croiser avec les truies du Périgord. Ses animaux reproducteurs (durham surtout, sinon exclusivement) lui ont valu dix-huit médailles et deux mentions honorables dans les trois derniers concours régionaux.

M. Dissez a été le lauréat de la prime départementale en 1859. — Le Jury régional lui a décerné une médaille d'or *pour la perfection de ses récoltes sarclées !*

M. Dufau.

II. M. le baron **Dufau** présentait au concours le domaine de la Rivière, dans le canton de Rieupeyroux, arrondissement de Villefranche. Ce domaine, d'une contenance de 195 hectares environ, est exploité par le propriétaire pour une partie depuis 1841, et en totalité depuis 1847. Ici nous sommes encore en plein ségala. Les terres, de nature granitique, ne produisaient avec les métayers que du seigle et des pommes de terre dans de médiocres champs, du mauvais foin dans des prairies marécageuses, ou hérissées de broussailles, sans rigoles d'irrigation ni d'écoulement. Les terres labourables, coupées de fondrières, se couvraient, après une mesquine récolte, de quelques maigres herbes.

Devenu maître de son action, le propriétaire résolut de transformer le sol par le chaulage, de l'assainir par le drainage, de l'améliorer par la bonne culture. Il chaula abondamment. Il creusa 3,000 mètres de fossés couverts. Il cultiva à l'aide des instruments perfectionnés, tels que la charrue Dombasle, la herse, la houe à cheval, etc., qui remplacèrent l'araire du pays. Il fit profiter les prairies naturelles de l'excédant des eaux qui nuisaient aux terres de labour. Il sema des prairies artificielles. Le fruit de ces travaux fut la substitution du froment au seigle, de belles récoltes de trèfle, de betteraves, de carottes, d'excellent foin. Les bâtiments (les étables en particulier, qui étaient sales et malsaines) durent être renouvelés en entier et le furent avec un art voisin du luxe : cependant l'utilité seule prescrivit la construction d'un cellier, pour ses récoltes sarclées, de 30 mètres de longueur.

Voici maintenant les résultats, pour l'année 1852, date déjà ancienne, et qui a été suivie de beaucoup de progrès.

Fourrages. Autrefois : 30,000 kilogr. de foin naturel. En 1852 (avec un pré de moins), 65,000 kilog. — Les métayers ne cultivaient ni trèfle, ni carotte, ni betterave ; à cette date, outre ce qui est mangé en vert, 4,500 kilogr. de trèfle, 60 hectol. de carottes, 180 hectol. de betteraves.

Cheptel. Autrefois : 24 bêtes à cornes, 12 cochons, 120 brebis portières dont la toison pesait 1 kilogr. et rendaient 600 francs. — En 1852 : 28 bêtes à cornes, 30 cochons élevés et 18 engraissés, 163 brebis portières renouvelées par le croisement, dont la toison pèse 1^k,500, et qui rendent 1,400 francs.

Fumier. Autrefois : 500 voitures de mauvais. — En 1852 : 800 de bon.

Rendement. Autrefois : 60 hectolitres de seigle semé

donnant 300 hectolitres de récolte. — Aujourd'hui :
50 hectolitres donnant 450. — Autrefois : 60 hectolitres de pommes de terre en donnant 700. En 1852 :
50 hectolitres en donnant 1,100. (Depuis 1852 le froment a été cultivé avec succès.)

En tout cela le progrès a été aussi sensible sur la
qualité que sur la quantité.

La machine à battre Mothes (de Bordeaux) fonc-
tionne à la grande satisfaction du propriétaire.

La nouveauté caractéristique de M. Dufau est la
tenue d'une comptabilité agricole en partie double,
avec toute la rigueur commerciale, et dont lui-même
fait les écritures. C'est peut-être le seul propriétaire du
département qui prenne un tel soin.

M. Dufau a été le lauréat de la prime départementale
en 1852. En 1860, le Jury régional lui a décerné une
médaille d'or *pour la bonne disposition de ses constructions rurales!* Il est vrai qu'ayant visité la Rivière en
septembre, il n'a pu apprécier les cultures ; mais le
moment était-il bien choisi ?

M. Rodat. d'Olemps.

III. M. Rodat (d'Olemps) porte le nom le plus illustre de l'agriculture aveyronnaise. Il a reçu de son père
le domaine d'Olemps, d'une étendue de 130 hectares
(dont 80 arables), à 4 kilomètres de Rodez, et celui
de Maroquiès, qui en est fort éloigné, le premier dans
le ségala, le second dans le causse. Il a été, pendant
dix-sept ans (de 1829 à 1846), le bras droit de son

père dans l'exploitation de ces deux propriétés, et depuis quinze ans il les gère lui-même. Ainsi ses titres sont doubles, les uns pour sa coopération à l'œuvre de son père, les autres pour sa propre gestion.

Dans le mémoire que M. Rodat père présenta en 1841, pour le premier concours à la prime départementale, il résumait ainsi son état de services agricoles : 1° rectification de l'assolement triennal (par adoption de l'assolement alterne) ; 2° réforme des instruments de travail (par l'adoption et la propagation des instruments perfectionnés) ; 3° comptabilité agricole en partie double ; 4° assainissement des terres humides par fossés couverts et labours profonds ; 5° irrigation, création de prairies artificielles, transformation des devèzes (pâtures sèches) ; 6° écobuage combiné avec fumier. Il aurait pu adjoindre la publication du *Cultivateur aveyronnais*, un chef-d'œuvre de science agronomique et de littérature, qui résume, sous un substantiel volume in-8, trente années d'écrits, d'observations et de pratique.

La coopération de M. Rodat fils a été surtout manifeste dans l'introduction et la diffusion des instruments perfectionnés. Son père l'envoya à Roville (et ce fut le premier Aveyronnais qui reçut les leçons d'un maître illustre) pour s'initier principalement à la construction et au maniement de ces instruments, et surtout de la charrue devenue si célèbre. Après deux ans de séjour, il en revint (en 1829) assez habile pour former et diriger des ouvriers. Bientôt une fabrique fut établie à Olemps même, et de là sortirent plus de 2,000 instruments (charrues, herses, houes à cheval, etc.), qui se répandirent dans les départements de l'Aveyron, du Cantal, du Lot, du Gers. Pour les faire adopter, M. Rodat les cédait au prix de revient, et y joignait une infatigable propagande par sa plume logique et incisive, et par sa parole de la plus saisissante originalité. Ce qu'un tel bienfait a créé de richesses est inappréciable, et c'est un exemple entre bien d'autres d'un mérite qui ne doit pas se mesurer au gain personnel. Avec le même patriotisme désintéressé, les Rodat (d'Olemps) distribuaient gratis des graines de betterave et de carotte aux voisins qui se moquaient de leurs racines sarclées, autre innovation qui leur est due comme partie intégrante de la culture alterne et améliorante.

Recevant des mains de ses aïeux un héritage en bon état, M. Rodat fils n'a pu s'honorer par des transformations radicales comme quelques-uns de ses compétiteurs ; il a pu néanmoins non-seulement maintenir l'œuvre paternelle, mais il l'a complétée, développée. Ainsi il a introduit des béliers new-kent qui ont augmenté la qualité et la quantité de la laine, en même temps que le poids, à tel point que le troupeau d'Olemps possède des béliers qui pèsent 100 kilog. non engraissés. Il a, lui le premier, employé des graines oléagineuses pour l'engraissement, et vendu des bœufs engraissés avec des tourteaux et des racines, au prix de 1,400 fr. à 2,000 fr. la paire. Il a tellement perfectionné ses céréales par un triage persévérant, qu'il en vend la majeure partie comme blé de semence. A Olemps, il a multiplié les châtaigniers sur les coteaux abrupts et rocailleux, improductifs ; il a bordé de peupliers tous les rivages ; il a fait des semis d'arbres forestiers. Dans le domaine de Maroquiès, il a converti, à l'aide de fossés d'assainissement, de mauvaises pâtures en prés excellents, ce qui lui a permis de nourrir 40 bêtes à cornes au lieu de 20 ; il y a tellement accru la production des céréales, que la paille, autrefois toute consommée par les bestiaux, fournit aujourd'hui une litière abondante ; les pierres qui couvraient les champs ont été si bien enlevées, que l'on y fauche presque partout des fourrages artificiels.

Ces améliorations se traduisent en chiffres, que voici pour Olemps :

Fourrages. Il y a vingt ans, 1,200 quintaux métriques de foin ; aujourd'hui 2,000.

Gros bétail. Il y a vingt ans, 16 bêtes à cornes ; aujourd'hui 26, plus 4 chevaux.

Troupeau. Il y a vingt ans, le troupeau rendait 400 kilog. de laine ; aujourd'hui 550.

Céréales. Il y a vingt ans, 350 hectolitres de grains, de seigle principalement ; aujourd'hui 500, dont la moitié en froment.

Tous les exemples partis d'Olemps ont eu la plus heureuse influence sur le pays, la reconnaissance publique se plaît à le proclamer.

M. Rodat père recevait en 1841 la première prime départementale. En 1861, son fils, son associé et son continuateur, a reçu du Jury régional une médaille d'or pour *son troupeau et la construction de sa bergerie!* Il est vrai que le Jury n'a visité que la moitié au plus de la seule propriété d'Olemps, et n'a pas mis le pied sur celle de Maroquiès.

M. Rodat, de Druelle.

IV. — Avec M. RODAT, de Druelle, nous trouvons sous le même nom la même intelligence des choses agricoles et la même opiniâtre persévérance dans l'exécution. Le domaine de Druelle, à 7 kilomètres de Rodez, sur un plateau étendu et peu fertile, d'une contenance primitive de 189 hectares, portée à 217 par quelques acquisitions, nous laisse encore en ségala, sur un sol de micaschiste, mais avec une part de mauvais calcaire d'une étendue de 22 hectares. Le propriétaire, qui s'en occupait en second dès 1823, l'exploite lui-même depuis 1833. A cette époque, on n'avait pas même soupçonné qu'il y eût matière à amélioration. Les terres de labour étaient en mauvais état, les prairies infestées de joncs; les pâtures, jamais labourées, n'étaient que des landes spongieuses couvertes d'ajoncs, de fougères, de bruyères, rarement de genêts qui annoncent déjà un fonds moins médiocre; une partie avait été payée 60 francs l'hectare en 1806. Dès son entrée, M. Rodat conçut un plan d'améliorations qu'il poursuit depuis trente ans, sans la chaux avant 1844, et depuis lors avec la chaux. La première période pivota sur l'aménagement des eaux, dont la surabondance gâtait les pacages, compromettait les récoltes, causait la pourriture (cachexie aqueuse) dans le troupeau, pendant que les prairies se desséchaient faute d'irrigation. Il draina ses terres par des aqueducs pavés en dessous et recouverts de dalles ; en 1846, on en comptait 10,000 mètres, et ce nombre n'a fait que croître. Des hauteurs d'où les eaux descendent, elles passent dans les cours et les étables de la ferme, lavent les rues d'un village qui les enrichit de ses saletés, et, rendues aussi salubres qu'elles étaient viciées, elles vont féconder les prairies sous-jacentes où le jonc se change en gras herbage ; un système de réservoir les emmagasine et permet d'en régler la distribution suivant les besoins et les saisons.

Cependant les champs étaient encore d'un mince rapport ; M. Rodat les attaqua par les instruments perfectionnés, la charrue de Roville en tête ; il y jeta d'énormes quantités de fumiers achetés ; il loua un pré pour accroître ses fourrages ; aux pommes de terre il adjoignit les betteraves et les carottes. Le progrès devint éclatant ; le cheptel s'accrut, le revenu augmenta. Enfin en 1844, la chaux intervint, et M. Rodat s'en trouva si bien, après une année d'expérience, qu'il y soumit successivement tout son domaine, la fabriquant lui-même en partie à l'aide des 22 hectares de mauvais calcaire qu'il avait sous la main, et qui devinrent une inépuisable carrière d'amendement énergique. Il découvrit même qu'une irrigation à l'eau de chaux vive détruisait les vers qui infestaient les prairies. Dès lors, la transformation du sol et des produits s'accomplit à vue d'œil : aux seigles succédèrent de magnifiques froments; la luzerne, les trèfles , la minette dorée, couvrirent des terrains qui ne les avaient jamais connus. Les landes séculaires se couvrirent de racines , de maïs, de haricots. Le rendement des prairies ordinaires fut triplé. Les bestiaux de rente augmentèrent de nombre et de qualité. En un mot, les richesses de la culture alterne succédèrent aux pauvretés de l'assolement triennal. On ne négligea pas les accessoires de ce vaste système; les pentes abruptes reçurent des semis forestiers, des haies vives bordèrent les routes , enfin les bâtiments ruraux durent être refaits et agrandis.

Traduits en chiffres, les résultats se résument comme suit :

Gros bétail. —Autrefois, 15 têtes de gros bétail ; aujourd'hui, 133 y compris 7 chevaux.

Céréales. — Autrefois le seigle rendait 4 à 5 fois la semence, aujourd'hui, 10 fois ; le froment (le peu qui s'en faisait) 3 à 4 fois, aujourd'hui. 5; l'avoine , autrefois 5, aujourd'hui, 10.

Revenu. —Autrefois 3,000 francs, aujourd'hui,15,000 à 16,000 francs. Le domaine de Druelle avait été estimé 80,000 francs, en 1831, et il y a eu des acquisitions pour 10,000 francs, plus 4,000 francs de déboursés pour bâtiments.

L'enseignement éloquent de ces succès a transformé tout le pays environnant.

M. Rodat, de Druelle , fut le lauréat de la prime

départementale dès 1846. En 1861, le Jury régional lui a accordé une médaille d'or pour *son drainage et ses irrigations !*

M. Durand.

V. — **M. Durand** est le doyen de l'agriculture aveyronnaise. Débutant, dès 1814, à l'âge de vingt-quatre ans, sur quelques pièces de terre isolées reçues en patrimoine, il les vendit pour acheter, en 1819, le domaine de Gros, auquel il annexa plus tard le domaine contigu d'Arsac, l'un et l'autre en fort mauvais état, à une distance de 4 à 6 kilomètres de Rodez. Après quarante-deux ans d'exploitation directe il gouverne encore aujourd'hui sa double propriété d'une contenance totale de 261^h,50, d'un sol accidenté et composé de terrains les plus divers, calcaires, grès bigarré, siliceux, argileux et d'alluvion. Dès ses débuts il comprit nettement et appliqua résolûment, lui le premier, une grande nouveauté, devenue aujourd'hui une vérité populaire : c'est que le département de l'Aveyron, attirant des pluies fréquentes par sa formation montagneuse et sa position culminante entre les deux mers, et, par ce fait géographique, doué d'un climat plus favorable à la production des herbes qu'à celle des grains, devait prendre pour pivot de son agriculture non les céréales, mais le bétail. Telle a été l'idée mère de toute son existence agricole, idée qu'il a poursuivie dans ses entreprises et dans ses écrits avec une fidélité que couronne aujourd'hui un entier succès ; le pays subit de proche en proche une évolution conforme à la longue pratique de ce maître et à sa ferme doctrine, et y trouve une fortune plus haute et plus certaine que dans la prédominance des céréales. En ce qui concerne ses propres terres, M. Durand les a assouplies à ce régime par une suite d'opérations méthodiques, soutenues, et hardies jusqu'à l'audace, et qui visent essentiellement à les couvrir de végétaux, surtout de plantes fourragères vivaces.

Avec l'avoine, qui réussit chez lui mieux et à moins de frais que les autres céréales, M. Durand sema des trèfles mélangés de fenasses, et convertit ainsi ses champs en pâturages. Il planta aussi des pommes de terre, raves, maïs-fourrage, carottes, betteraves, choux, mais il réduisit bientôt les quatre dernières plantes, en considération de la cherté de la main-d'œuvre. Après les froments, qui succédaient aux avoines et racines, il sema de l'orge encore avec trèfle, sainfoin, fenasse, lupuline, etc..... En même temps il défrichait tous les ans une certaine étendue de mauvais pâturages pour les soumettre au même assolement, et convertissait en prairies permanentes les terres améliorées après suffisante production de céréales. Vinrent ensuite des semailles de fourrages (luzerne et sainfoin sur défrichement), coïncidant avec la transformation en champs de vieilles prairies artificielles. Au bout de dix ans, les prairies pâturables étaient couvertes de fourrages fauchables, et la sole générale des cultures se subdivisait en un tiers de céréales. pommes de terre, etc. ; un tiers en fourrage pareil à celui des bons prés ; un tiers en pâturage pour les bœufs. Un roulement régulier était établi.

L'irrigation ne tardait pas à accélérer cette transformation. Eaux pluviales, sources, ruisseaux et ravines étaient soigneusement dérivés vers des bassins et de là sur des prairies qui, établies systématiquement sur la zone inférieure du sol, recevaient d'ailleurs les eaux qui s'égouttaient des champs, des bois. Des galeries de drainage de plusieurs kilomètres de longueur débouchaient aussi dans les prairies, réalisant comme il convient une œuvre composée : l'assainissement des terres trop humides, l'irrigation des terres trop sèches.

L'entreprise capitale, en fait d'irrigation, fut la dérivation d'un bras de l'Aveyron, avec barrage en pierres et un canal de 2,900 mètres de long, réussie à travers d'inouïs obstacles venant des propriétés riveraines, des usines, surtout de l'administration. Ce canal versa de larges nappes d'eau, souvent bourbeuse, sur 30 hectares, qui devinrent d'excellents prés avec regains assurés. Mais l'œuvre resta inachevée par des résistances que M. Durand n'a pu vaincre qu'après trente ans de lutte. En 1860, seulement, il a pu s'assurer la possibilité légale d'utiliser une chute de 4 mètres de haut et de 30 chevaux de force que forme son canal en retournant à la rivière ; il la fera servir à élever les eaux de l'Aveyron sur un mamelon qui dominera l'ensemble de son domaine, ce qui lui permettra de conduire l'eau à travers les étables, les cours, les cuisines, d'irriguer son jardin et une centaine d'hectares, sans compter les emplois industriels. Les terres provenant des déblais du canal ont formé une digue qui préserve 20 hectares de prés des inondations de l'Aveyron. Ces travaux personnels lui ont inspiré l'idée de l'irrigation de la France au moyen de la dérivation des rivières et des fleuves, idée qu'il a élaborée dans plusieurs écrits, dont l'un a reçu, en 1839, une médaille d'or offerte par la Société royale et centrale d'agriculture de Paris aux meilleures *Recherches sur la législation des irrigations*. M. Durand travaille à l'établissement de sa machine hydraulique.

Par ce vaste développement de cultures fourragères, il a donné le premier exemple de la jachère supprimée dans le département de l'Aveyron : il en rapporte la date à 1820.

Le chaulage a puissamment aidé à cette réforme ; M. Durand revendique aussi l'honneur d'en avoir donné le premier l'exemple, dès 1814, et il l'a appliqué très en grand sur son domaine de Gros, où ses fours à chaux ont fonctionné depuis quarante ans sans autre interruption que celle qui est provenue, à certaines périodes, de la cherté de la houille, aux mains d'un monopole. Ses écrits en ont popularisé l'emploi, de concert avec ses exemples.

Il a amendé les parties maigres de ses terres par le transport et le mélange des terres riches qui forment des renflements au fond des vallées et sur la lisière inférieure des champs. Il estime cette opération l'une des plus fructueuses.

Devenu possesseur d'énormes quantités de fourrages, il a pu accroître en proportions parallèles tout son bétail. Mais d'après les risques traditionnels de cachexie aqueuse qui menacent les troupeaux sur ses terres, il a substitué à l'élève des bêtes à laine leur engraissement. Considérant aussi que les vaches doivent, dans les conditions locales où il se trouve comme ses voisins et ses confrères, être envoyées à l'estivage sur les hautes montagnes du département, loin de la surveillance du propriétaire, et, par conséquent, avec toutes chances de médiocre réussite, il a préféré l'engraissement à l'élevage des bêtes à cornes. La population animale qu'il tient à l'engrais varie de 50 à 60 bœufs, et de 5 à 600 moutons. En moyenne il peut engraisser toute l'année 100 bœufs et 500 moutons. Fier de ses bœufs d'engrais, il les a produits, toujours avec un grand succès, aux concours de Nîmes, de Lyon, enfin à Poissy, où, le premier, il a montré la race d'Aubrac dans toute l'ampleur des proportions dont elle est susceptible.

Ses fumiers sont enfouis dans les champs aussitôt après leur transport. Grâce à eux, une étendue de moitié moindre pour les ensemencements donne autant de récoltes en céréales (froment, orge, avoine) qu'autrefois une double surface. Tous ses labours se font à la charrue de Roville, qu'il a adoptée le premier des mains de M. Rodat, d'Olemps, dès 1824. Le premier de tous les Aveyronnais, il a banni l'araire de sa ferme. La herse, l'extirpateur, la houe à cheval, le buttoir, complètent son attirail agricole. Il a dû renoncer au semoir, faute d'un concours suffisant de ses valets. Il ne donne à ses terres qu'un trait de labour, profond de $0^m,25$ à $0^m,35$, professant que les labours multipliés effritent la terre au delà de ce qu'il faut pour l'ameublir, et en évaporent les gaz ; que sur les pentes ils facilitent le lavage et l'entraînement des terres par les pluies. En résumé, il fauche ou moissonne annuellement tout son domaine, les bois exceptés.

Pour faciliter le jeu des instruments perfectionnés, M. Durand a supprimé tous les murs et haies qui morcelaient les deux domaines primitifs en des centaines de petites pièces irrégulières. Tout le noyau central de Gros ne forme plus qu'une seule grande pièce inclinée, dont les versants sont occupés par les céréales et fourrages divers, le bas par les prairies pérennes. Les labours, l'irrigation, la surveillance, les transports sont devenus plus faciles ; la garde des troupeaux moins chère et plus sûre ; les brouillards mêmes qui s'abattaient sur les haies sont devenus plus rares ; de précieux terrains ont été rendus à la culture. Le domaine entier, arrondi par des échanges ou des acquisitions, ne forme plus qu'un seul bloc, sauf une pièce de 6 hectares qui est d'ailleurs en communication facile avec le siége de l'exploitation. Les haies vives, réservées pour la circonférence et le bord

des routes, produisent au lieu de coûter pour leur entretien, comme font les murailles.

L'épierrement de toutes les terres, poursuivi sans re-
lâche, a dégagé le sol pour la faux et la charrue, et
fourni les matériaux pour les galeries de drainage et
l'empierrement des nombreux et beaux chemins de
service qui rayonnent en tous sens, rattachés à la route
départementale qui traverse la ferme. Ces pierres ont
servi surtout pour la construction de deux étables de 116
mètres de longueur sur 8 de largeur à l'intérieur, avec
granges et greniers superposés, modèles de bonnes dispositions, souvent visités et cités, dont M. Durand a
lui-même conçu et dirigé l'exécution. Les murailles
démolies entre les prés et les champs ont reçu la même
destination. Ces bâtiments ne suffisant plus, on fait des
meules de foin en plein air.

Dans les taillis qui complètent le domaine, à concurrence de 35 hectares, l'essence de chêne domine :
ils sont divisés en vingt coupes; à la quatrième année
on tranche tous les menus brins.

Pour la conduite de ce vaste plan, M. Durand s'est
pénétré d'un principe qui est son idée fixe : simplifier.
En vue de la simplification, non-seulement il a supprimé les murs de clôture et les haies de séparation,
non-seulement il a renoncé à l'élevage des bêtes à cornes et des bêtes à laine, et il a restreint les cultures
sarclées, mais il a écarté de même l'éducation des
chevaux, l'engraissement des porcs et de la volaille,

l'embellissement du jardin, la culture du chanvre et sa conversion en toile suivant l'usage du pays; il a réduit la plantation des arbres aux plus strictes proportions; il a simplifié même sa comptabilité. Son action se concentre sur le bétail et les grains, deux spéculations intimement liées. Grâce à cette simplification, lorsque des raisons politiques l'éloignèrent, il y a dix ans, de ses foyers, il put guider à distance sa femme et sa jeune fille, qui le remplacèrent avec une énergie que le succès couronna. Des baux de ferme devinrent pourtant nécessaires; mais à peine rentré d'Algérie, où il est devenu propriétaire, il a sollicité de ses fermiers la résiliation de leur bail et a repris le gouvernement de ses affaires Il se flatte enfin d'avoir ramené au minimum (une quinzaine) le personnel des mercenaires dont il dénonce volontiers l'insubordination, l'incurie et l'incapacité, et par là d'avoir réduit ses frais d'administration d'un tiers au-dessous des domaines de même étendue, tout en les dépassant de beaucoup par le revenu brut et net.

Comme expression actuelle de tous ces progrès, le domaine de Gros présente les résultats suivants :

Répartition des terres.

	H. A. C.
Prairies permanentes...	112.66.57
Champs, dont moitié en fourrages...........	110.29.39
Pâturages	2.69.96
Bois...	35.50.06
Total, bâtiments et accessoires non compris...	216.15.98

Bétail. — Autrefois, une vingtaine de bêtes bovines ou chevalines, 300 bêtes à laine; aujourd'hui, une centaine de bêtes à cornes et 500 moutons, comme bêtes d'engrais, plus 6 paires de bœufs de travail, 1 à 2 juments poulinières, une paire de chevaux de trait.

Céréales. — Autrefois, 500 hectolitres; aujourd'hui, 1,200. — Rendement moyen à l'hectare : 17 hectolitres pour le froment, 21 pour l'orge, 25 pour l'avoine.

Revenus. — Autrefois, 6,000 francs ; aujourd'hui (suivant baux de la période d'exil politique), 19,775 francs. Le prix d'acquisition monte à 120,000 francs, auxquels il faut joindre 9,000 francs de dépenses pour le canal de dérivation.

En 1842, M. Durand fut le lauréat de la prime départementale, le premier après M. Rodat, d'Olemps. En 1861, le Jury régional lui a décerné une médaille d'or *pour la dérivation des eaux de l'Aveyron !*

M. Barascud.

VI. M. BARASCUD possède à Vérières, canton de Belmont, arrondissement de Saint-Affrique, un domaine de 134 hectares, dont 80 furent cadastrés en 1849, à titre de terres vaines et vagues, et partant à peu près improductives. Avant 1852, ce domaine était exploité par un fermier payant un prix de bail fixé à 1,200 francs par plusieurs actes authentiques. M. Barascud ayant conçu, en 1852, l'intention de transformer sa propriété par des améliorations foncières, choisit un homme dans le Vaucluse, où lui-même se trouvait, et lui proposa un colonage avec partage de fruits pour l'intéresser dans le succès des réformes. Ensemble ils poursuivirent deux buts : 1° la conversion en terres arables et productives du bloc de terres vagues et stériles couvrant 80 hectares ; 2° la dérivation du Dourdou pour l'amélioration du reste.

La première opération débuta par le nivellement du sol que les pluies avaient raviné ; le défoncement suivit à l'aide de la charrue Dombasle et de la charrue Bonnet, marchant dans le même sillon ; une luzerne y fut semée ; le sol se couvrit d'une végétation riche et abondante. Puis succéda un froment d'égale beauté. Aujourd'hui toute la surface est nivelée ; les feuillets schisteux, délités par le soleil et la gelée, améliorés par les fumiers frais, sont comparables aux meilleures terres et alluvions de la plaine. Cette initiative, d'abord raillée, a été si bien imitée, qu'en six années plus de 2,000 hectares de landes pareilles qui déshonoraient le Camarès ont été restitués à la culture : immense service rendu au pays.

Sur la partie du domaine qui était déjà en rapport, M. Barascud a dérivé la rivière du Dourdou aux eaux limoneuses, au moyen d'un canal de 6 kilomètres, qu'il a construit d'accord avec les autres propriétaires riverains. Ce canal, après avoir fécondé le territoire de deux communes, arrive à Vérières, où il a produit les effets prévus. Aux deux coupes ordinaires de fourrage, cinq ont succédé, chacune deux fois plus abondante. Les récoltes de céréales ont suivi la même proportion.

Les bâtiments ont dû être construits à neuf. Ces améliorations radicales ont été complétées par l'épierrement de tous les champs, par des plantations de frênes et d'ormeaux, précieuse ressource pour le troupeau.

M. Barascud a introduit la garance, qui a bien réussi, sans susciter pourtant des imitateurs.

Les résultats se traduisent dans les chiffres suivants:

Bestiaux de travail. — En 1855, une paire de vaches; aujourd'hui, 4 paires de bœufs et 2 chevaux.

Animaux de rente. — En 1852, 80 brebis laitières et 10 cochons; en 1860, 270 brebis, 4 chèvres, une paire de vaches, 50 cochons.

Fromage. — En 1852, 300 kilogrammes; en 1860, 6,350 kilogrammes.

Céréales. — En 1852, 80 hectolitres; en 1860, 295 hectolitres.

Rendement du troupeau. — En 1852, 800 francs; en 1860, 8,600 francs.

Revenu net. — En 1852, 1,200 francs ; en 1860, 7,700 francs, sans compter 2,000 à 3,000 francs pour la part du fermier.

Ces résultats ont été obtenus avec un simple déboursé de 6,000 francs ; et comme le propriétaire ne visait pas à éblouir par un subit accroissement de revenu, comme il poursuivait un système raisonné d'amélioration, tout le pays l'imite.

M. Barascud n'avait pas encore paru dans les concours de l'Aveyron, où il était assuré, après de tels succès, d'une éclatante récompense. Le Jury régional de l'Aveyron lui a décerné une médaille d'or pour sa *dérivation des eaux du Dourdou et pour ses irrigations.*

M. Ygrier.

VII. — M. **Ygrier** est le colon associé de **M.** Barascud; il a été, sous la direction de son maître, l'agent de ces progrès. Il était fermier, aux environs d'Avignon, d'un petit domaine de 3 hectares, lorsque ce propriétaire lui proposa de venir dans l'Aveyron. Il accepta et emporta avec lui la charrue Bonnet, qui a été son principal instrument. C'est avec elle qu'il fait des labours de 0^m,60 de profondeur, un vrai fossé de drainage. Aujourd'hui cette charrue, qui a valu à son inventeur la décoration, est vulgarisée dans tout le Camarès, grâce à l'emploi qui en a été fait à Vérières.

M. Ygrier n'était pas candidat à la Prime d'honneur. Cependant le Jury a cru pouvoir l'y inscrire d'office et lui accorder une médaille d'or pour *la profondeur et la perfection de ses labours,* le mettant ainsi d'emblée sur le même rang que les vétérans et les maîtres de l'agriculture aveyronnaise. Etait-ce bien le cas ?

Nous en avons terminé avec cette revue, destinée à réparer le dédaigneux et inexcusable silence du Jury, dont l'impression sur les concurrents a été telle qu'ils ont pour la plupart, sinon tous, refusé la médaille d'or.

Dans un dernier article, nous exposerons avec les développements convenables l'œuvre agricole accomplie par M. de Monseignat et qui lui a valu la Prime d'honneur.

TROISIÈME ARTICLE.

Les titres d'honneur agricoles de M. de Monseignat, lauréat du concours de 1861, ont été ainsi exposés par M. le comte d'Ussel, rapporteur :

« Situé à 12 kilomètres de Rodez, et posé sur un sol argilo-siliceux, et un sous-sol de gneiss-micaschiste, le domaine du Cluzel, d'une contenance de 157 hectares, était exploité par un fermier, ni mieux ni plus mal que les autres propriétés du voisinage. Il se bornait à retirer le plus de bénéfices, avec le moins d'entretien, de peine et de travail possible. Aussi cette culture avait-elle laissé le sol dans un état d'épuisement déplorable : mais peu importait au fermier, qui était à fin de bail. A cette époque, M. de Monseignat résolut de faire de l'agriculture progressive, et prit en main la direction de l'exploitation. Il y avait fort à faire. Il s'agissait de détruire les bruyères, genêts, ajoncs, colchiques et narcisses qui avaient envahi la propriété. Il fallait, en premier lieu, construire et meubler la ferme d'un cheptel suffisant, d'instruments et d'équipages convenables. Pour s'attaquer avantageusement à des ennemis aussi tenaces, l'exploitant leur opposa, aux uns la chaux, aux autres le drainage, à tous la persistance de l'effort et l'expérience du savoir.

» Voici les résultats qui ont été obtenus:

» L'impression qu'on ne peut s'empêcher d'éprouver, en arrivant dans la propriété, est celle de la surprise inspirée par cette bonne tenue générale, qui décèle un esprit d'ordre et de régularité aussi parfait qu'il est plus rare.

» Là, toute chose est à sa place et sous la main, au premier besoin ; tout ici a un cachet de propreté qu'il est difficile d'obtenir dans une propriété agricole. Toutes les constructions, comme ensemble et comme détail, ne laissent rien à désirer, et sont parfaitement appropriées aux différentes nécessités de l'exploitation. Les vaches sont fort belles, les bœufs de travail bien choisis, forts, vigoureux et de bonne qualité. La porcherie est bien tenue, bonne et régulière. Le troupeau a été plus lent à se constituer. Plusieurs essais ont été faits. Mais dans ce moment la race est fixée, et les bêtes sont de belle et bonne qualité.

» On y trouve un bon choix d'instruments de ferme perfectionnés, et l'on a constaté qu'entre les mains de l'habile propriétaire, ils n'étaient pas des instruments de parade uniquement destinés à passer sous les yeux de la commission.

» Des irrigations exécutées dans toutes les règles d'une judicieuse pratique, et de nombreux drainages établis avec intelligence et bien réussis, ont prouvé une fois de plus tout ce que le sol pouvait obtenir de cet amendement. Les faibles récoltes de seigle ont été remplacées par des céréales d'un bon rendement, par les prairies artificielles très-bonnes et bien venues, par les cultures sarclées, belles, nettes et soignées. Aux prairies naturelles infestées de mauvaises herbes, a succédé un gazon de bonne nature et donnant un excellent fourrage.

» La comptabilité en partie double, et fort bien tenue, constate, par la balance des comptes pertes et profits, que si l'agriculture est pour M. de Monseignat une occupation agréable, elle est aussi fort productive, puisqu'il est arrivé à tripler le revenu de sa propriété. En résumé, le domaine du Cluzel présente un ensemble fort remarquable de cultures, d'animaux, d'instruments et de bâtiments d'exploitation. Tous ces différents détails se complètent merveilleusement les uns les autres, et font deviner dans le propriétaire cette longue pratique qui juge et compare, et sait faire tourner à son profit l'expérience des autres. »

Ce coup d'œil sommaire est loin de donner une idée suffisante des travaux de M. de Monseignat ; même comme appréciation générale, il sera utilement complété par quelques extraits des rapports pour le concours de la prime départementale.

Écoutons d'abord M. Vesin, rapporteur en 1842, s'exprimant dans un langage où l'élégance de la forme n'enlève rien à la solidité du fond, car lui-même fut quelques années après lauréat à son tour :

« En entrant au Cluzel, vous entrez dans le domaine de l'éclectisme et du goût. C'est à la fois une ferme et un site, et tout ce que l'art a pu approprier à ce double caractère de la nature, vous l'y trouverez. Nulle part l'utile ne sera séparé de l'agréable, et presque partout l'agréable sera mélangé à l'utile. Ici vous faucherez, à plusieurs rangs, dans un jardin anglais ; un peu plus bas, vous traverserez sur un pont pittoresque, mais sans luxe, un bassin dont les eaux, soigneusement recueillies, arrosent à volonté une large prairie ; à quelques pas de là un vaste étang, creusé également par la main du maître, vous offrira une promenade sur l'eau et ira fertiliser plusieurs hectares de terrain où ne croissaient, il y a peu d'années, que les genêts et la bruyère. Toutes les haies et toute place propre à recevoir un arbre sont garnies de plantations. Des cascades de viviers se succédant sur une longue pente jusqu'au sein de la ferme viennent abreuver les bestiaux et recevoir leurs fumiers, pour les répandre ensuite, après avoir servi sur leur passage à la fécondation de mauvaises terres devenues de bons prés, ou à la veille de le devenir. Le nombre des bestiaux de toute nature a plus que quadruplé, et tous sont abondamment nourris, quoique laissant encore à désirer pour la qualité. Tous les principes de la nouvelle culture sont en pleine pratique, et des effets vraiment remarquables sont produits par la combinaison des instruments perfectionnés et du chaulage des terres. L'insuffisance ou l'éloignement des cours d'eau ayant fait naître la pensée d'appeler l'industrie au secours de l'agriculture, des usines mues par un simple attelage, dans les moments inoccupés, servent à la confection de l'huile et du cidre, offrant ainsi une ressource aux localités environnantes, et au propriétaire des bénéfices constatés par une comptabilité exacte. Ainsi un esprit à la fois calculateur et artistique se montre dans l'ensemble des opérations de M. de Monseignat ; et pour résumer en un mot le mérite de sa culture, il suffit de dire qu'elle a eu pour effet de tripler dès aujourd'hui la valeur vénale d'une masse considérable de terres improductives, dont les 125 hectares de son domaine sont environnés. »

Les mérites de M. de Monseignat sont indiqués, avec plus de précision encore et avec une autorité hors ligne, dans le passage suivant du rapport de **M. Rodat**, d'Olemps (le père), au concours de 1843:

« ..... Transportons-nous dans le ségala , au milieu des genêts, des bruyères, des ajoncs, des fougères. C'est là qu'un

jeune agriculteur, qui aime le travail moins pour le profit
que parce que, à ses yeux, le travail est un devoir et en
quelque sorte une chose sainte; c'est là que M. de Monseignat a formé une entreprise hardie et difficile, celle de fertiliser les landes incultes et sauvages qui tiennent une place
considérable dans le pays qu'il habite. Cette opération, moins
effrayante au premier aspect que les travaux purement mécaniques que réclame le sol pierreux du Causse, exige plus
de soins, plus de temps, plus de persistance. Elle exige
spécialement une méthode savante et raisonnée.

« Je ne connais rien de plus difficile et de plus déses-
pérant que d'avoir à fertiliser des terres qui sont le tonneau
des Danaïdes pour les engrais. Au moment où des récoltes
brillantes vous font croire que vous avez atteint le but,
vous voyez le sol amélioré redescendre vers son premier
état, et il y retombe à coup sûr pour peu qu'on le néglige.
Il s'agit ici de refaire à neuf le sol et d'y créer l'humus
que la nature a refusé à ces sortes de terres, ou plutôt
qu'un écobuage trop souvent répété a réduit en fumée.

» C'est à quoi M. de Monseignat a réussi en combinant
l'emploi de la chaux avec celui du fumier. En employant
la chaux en grand, il a donné un exemple qui sera suivi
tôt ou tard et qui doit changer la face de la contrée qui
forme le noyau du département. M. de Monseignat a acquis, aux environs du Cluzel, une vaste étendue de ces
landes sauvages. S'il réussit à les métamorphoser en bonnes
terres cultivables (et comment n'y réussirait-il pas pour le
tout, puisqu'il a réussi pour une partie, puisqu'il est entré
dans la bonne voie et n'a qu'à persévérer?), s'il termine son
entreprise, il aura élevé le monument agricole le plus beau
et le plus utile. Quelques-unes de ces mauvaises terres qui

lui coûtaient 200 francs l'hectare peuvent se vendre, aujourd'hui qu'il les a améliorées, jusqu'à 1,200 francs la même contenance.

» Du reste, dans son ensemble, le Cluzel est exploité d'après la bonne méthode : on y fait usage des instruments perfectionnés, et l'assolement combine les fourrages artificiels et les récoltes sarclées avec les céréales.... Placé dans un pays où l'eau abonde, il n'a eu garde de négliger l'irrigation. Il a formé de beaux réservoirs, il a tiré l'eau des lieux où elle était nuisible pour la conduire sur les points qui en avaient besoin. »

Enfin le même éminent rapporteur résumait ainsi, en 1845, les titres de M. de Monseignat :

« En résumé, M. de Monseignat s'est particulièrement signalé par le chaulage exécuté sur une grande échelle. C'est lui qui le premier a donné l'exemple de cette opération (1), et en la continuant pendant douze ans consécutifs, il a résolu la question du chaulage dans le ségala. C'est de quoi le pays doit lui savoir gré ; car dans les entreprises agricoles un peu hardies, les timides et même les circonspects sont heureux qu'il se trouve un intrépide qui veuille bien passer le premier, et sonder le gué à ses risques et périls. Mais le chaulage et les autres moyens naturels de la bonne culture laisseraient beaucoup à désirer s'ils n'étaient combinés et reliés entre eux par un assolement méthodique adapté aux circonstances de l'exploitation. Or c'est

(1) On a vu que M. Durand revendique pour lui-même cet honneur. Il faut probablement restreindre l'initiative de M. de Monseignat au ségala.

(Note de M. Jules Duval.)

sous ce point de vue que M. de Monseignat se distingue, d'autant que cette partie, que l'on peut appeler la philosophie de l'agriculture, est généralement ou dédaignée ou mal comprise.... »

Ces témoignages de ses émules et de ses maîtres lui obtinrent la prime départementale en 1845, et le rang éminent qu'il prit dès lors parmi les agriculteurs de l'Aveyron lui valut d'être porté par ses collègues à la présidence de la Société d'agriculture de l'Aveyron, après la mort du général Tarayre.

Nous pouvons entrer maintenant dans le détail des principales entreprises agricoles de M. de Monseignat. Prenant possession du Cluzel, vers 1832, l'esprit fraîchement rempli des enseignements qu'il avait puisés à Roville, le nouveau propriétaire trouva son domaine dans un état déplorable, à la suite d'une longue exploitation de fermiers ou d'agents mercenaires. Murs de clôture éboulés, haies envahissantes, chemins impraticables, arbres dévastés, bois ruinés; prés point ou mal irrigués, portant plus de jonc que de foin, et que la multitude des taupinières ne laissait pas même aisément faucher; terres écorchées plutôt que labourées par l'araire, bâtiments délabrés et mal agencés; étables à peu près sans air, sans jour, sans écoulement pour le purin; loges à porc infectes : tout cela était le comble du désordre et de la négligence; c'était une ferme à refaire ou plutôt à créer de fond en comble pour lui donner une valeur et un aspect. Le passé a tout entier disparu, au point qu'il serait difficile, même à ceux qui l'ont vu, de le reconstituer par la pensée.

Pour accomplir ces réformes, M. de Monseignat dut se rendre compte de l'état de son domaine. Une partie était en période forestière et pacagère, une petite partie en période fourragère, une moindre partie encore en période céréale ; et de plus. entre les diverses fractions de cet ensemble hétérogène aucune proportion normale n'existait : c'étaient des pièces juxtaposées irrégulièrement, sans rapport ni assemblage. Seuls, les fonds trop humides des vallées donnaient une herbe aigre et peu abondante, en même temps que deux ou trois pièces de terre autour du centre de l'exploitation, soumises à l'assolement triennal, produisaient quelque peu de seigle et d'avoine. Sur tout le reste les récoltes se succédaient comme suit. Dans les parties relativement bonnes, où repousse à perpétuité le genêt ordinaire *(genista scoparia)*, les genêts, âgés de quatre, cinq à six ans, suivant la fertilité du terrain, étaient coupés à la houe à la main, brûlés à la ferme ou vendus au marché. Sur ces terres ainsi dénudées on faisait, sans fumier, une récolte de seigle. Puis le genêt reprenait possession du champ pour un temps plus ou moins long, sauf à recommencer. Ailleurs, là où dominaient la bruyère et le genêt épineux, on faisait un écobuage tous les six, huit ou dix ans, qui permettait de semer un seigle suivi, sur les points privilégiés, d'une avoine, toujours sans le moindre engrais. Puis la nature reprenait ses droits jusqu'à nouvel écobuage.

Cette nature paresseuse, rebelle, improductive, M. de Monseignat, attiré plutôt qu'effrayé par les difficultés, entreprit de l'assouplir. A première vue il n'y avait qu'à faire un choix des meilleures *génetières*, les travailler énergiquement, les charger de fumier acheté, les soumettre enfin à un assolement moins primitif. Ainsi le prescrivait l'esprit de progrès, mais l'économie générale du domaine en était si troublée que la routine semblait avoir droit de protester. Sur ces landes, où repoussait indéfiniment le genêt, le troupeau trouvait un pâturage médiocre sans doute, mais qui le préservait de mourir de faim : défricher ces landes pour une culture suivie, c'était réduire le lot déjà bien maigre des moutons. Pour tourner la difficulté M. de Monseignat prit le parti de réduire d'abord la sole des céréales, en convertissant en prairies naturelles, à la grande stupéfaction de ses voisins, les meilleurs champs, ceux que le voisinage de la ferme avait un peu améliorés. A la suite de cette opération, le grenier se trouva trop vaste, mais la grange trop petite. Pendant quelques années on n'eut pas de grains à vendre, mais le nombre des bestiaux augmenta, et le propriétaire put, à l'aide de ses fumiers pour la plus grande part, attaquer successivement les terrains presque improductifs, et les soumettre à un assolement régulier. Ainsi tous les ans, 2, 3, 4 hectares de terrain subirent la transformation. Les prés nouveaux donnaient un foin assez abondant et de bonne quantité. M. de Monseignat fut le premier dans la contrée qui jeta, sur des lambeaux de terre choisie, des semences de betteraves et de carottes. Grâce à ces produits et à l'énorme quantité de feuilles sèches ramassées dans les châtaigneraies, ses engrais devinrent plus abondants ; mais le trèfle, le plus puissant agent de toute culture améliorante, manquait encore, car il se refuse à pousser dans les terres du ségala les mieux préparées, tant qu'elles n'ont pas reçu d'amendement calcaire. Pour récolter mieux que le seigle, l'avoine et le sarrasin, pour atteindre au froment et aux légumineuses, il fallait de plus puissants moyens. Il en fallait aussi pour faire subir aux terres couvertes de bruyères et de genêts épineux la même transformation qu'aux génetières.

C'est le chaulage qui devint, en ses mains, le premier agent de cette révolution agricole. Après plusieurs tâtonnements sur les quantités nécessaires, M. de Monseignat adopta celle de 8 mètres cubes par hectare, qu'il employa suivant la méthode indiquée par M. Puvis : de petits tas de chaux vive sont formés dans les champs et immédiatement recouverts d'une couche de terre épaisse de 0^m,15 à 0^m,20. Quand la chaux est réduite en poudre, terre et chaux sont répandues à la pelle aussi exactement que possible. L'effet a été merveilleux : le froment a remplacé le seigle, les fourrages légumineux ont pris possession du sol, les cultures de hautes espèces ont triplé de rendement, et tel a été l'éclat de la leçon que le ségala tout entier s'est converti à la pratique du chau-

lage, partout où le permet la distance de la chaux
que l'on va chercher jusqu'à 80 kilomètres ! La chaux
portée au Cluzel revient à 11 fr. et 11 fr. 50 c. le mètre
cube, selon qu'elle est livrée par les fours à 6 fr. ou
6 fr. 50 c. le mètre.

Le drainage a été le second agent de progrès intense;
M. de Monseignat reconnut qu'une très-grande partie
de ses terrains à chauler demandaient un asséchement
préalable ; mais ne pouvant tout mener de front, il
attaqua plus lentement chacune des parties du sol, à
l'aide de fossés couverts et découverts, garnis de pierres ou de briques aboutissant à une série de bassins.
Plus tard il donna le premier exemple du drainage
avec tuyaux, avec le concours des ingénieurs des ponts
et chaussées. Aujourd'hui il emploie l'un ou l'autre
système suivant que la pierre abonde ou est rare sur
le lieu des travaux ; ce n'est pour lui qu'une question
de prix de revient. Pour 0 fr. 15 par mètre courant des
entrepreneurs font des fouilles, placent des conduits à
1 mètre au moins de profondeur, les recouvrent
d'abord de fascines sur une épaisseur de $0^m,10$, puis
de la bonne terre extraite, finalement de la terre
de la surface, et laissent le terrain à plat. Les drains
coûtent, pris à Rodez, 26 fr. le mille. On compte le
transport pour peu : les attelages étant obligés de porter à Rodez du bois, des grains, etc., ils reviennent
chargés de drains. — Quant aux fossés à pierre,
pour 0 fr. 20 ou 0 fr. 25 au plus, des ouvriers s'enga-
gent à les creuser, à les garnir de petits murs, à les

recouvrir de pierres plates qui forment aqueduc, à recouvrir le tout de $0^m,20$ de pierraille, à remettre la terre et niveler le sol. Ils ont eux-mêmes extrait la pierre que les attelages du domaine portent à pied d'œuvre. Les plans du drainage sont dressés par les soins des ingénieurs de l'État, mais sur les indications du propriétaire. Les résultats ont été des plus manifestes, tant pour l'amélioration des terres et des récoltes que pour la facilité acquise d'entrer avec la charrue, peu après les grandes pluies, dans des terres qui auparavant étaient pendant longtemps inabordables. Le Cluzel possède aujourd'hui environ 40 hectares drainés.

Une fois maître de ces deux puissants moyens d'action, M. de Monseignat comprit qu'il pouvait agrandir ses opérations par des achats successifs de landes à peu près improductives, mais qu'il jugeait susceptibles des mêmes réformes que les siennes. Il en a acquis plus de 60 hectares au prix moyen de 120 à 130 francs l'hectare, et les a soumis d'abord à un défrichement. Au prix de 80 à 90 francs par hectare, des ouvriers du pays pèlent le sol à la houe à main, en retournent toutes les matières végétales, les font sécher, les ramassent en tas, les brûlent, en surveillent la combustion, répandent la cendre. Le propriétaire fournit la semence et recouvre. Au début, avant que les prix des terres eussent triplé de valeur par l'exemple même de leur plus-value en ses mains, la récolte remboursait souvent le prix d'achat du terrain et les frais du défrichement. Jusque-là on n'a d'ailleurs atteint que le niveau des usages du pays, et si on ne faisait mieux, ce serait une déplorable entreprise. Il faut immédiatement pour les maintenir et les améliorer les soumettre au régime énergique du drainage, du chaulage, de la fumure, des labours répétés.

En même temps qu'il changeait la nature et les propriétés de son fonds, M. de Monseignat dut s'occuper de la reconstruction de ses bâtiments ruraux et de leur agrandissement. Il les disposa de manière à pouvoir, par des appendices successifs, leur donner tels développements que le succès rendrait nécessaires. Simples et de bon goût sans tomber dans le luxe, ses constructions ont répondu à ses vues : les services y sont faciles à faire, faciles à surveiller; ses bestiaux ont toujours été préservés des épidémies qui trop souvent ravagent les étables d'autres cultivateurs (1). Le troupeau fut installé, à 200 mètres du corps de ferme, dans des bergeries formées aux dépens des maisons d'un hameau achetées et remaniées pour cette destination. Les toits à porcs forment une basse-cour particulière à portée de la cuisine de la ferme; les animaux y ont des logements commodes et sains. Au sortir des cours spéciales à chaque catégorie, ils peuvent se mêler et s'ébattre dans un enclos commun, et s'y baigner. Un hangar protége contre les intempéries les instruments aratoires. C'est là qu'est installé un manége qui utilise

(1) Voir page 73. (*Note de l'éd.*)

les attelages de vaches pendant une grande partie de la mauvaise saison. Son principal emploi est la fabrication du cidre, à l'aide des pommes qui abondent dans la localité ; mais sous la meule verticale qui écrase les pommes, on égrène aussi le trèfle, on pulvérise les tourteaux, etc. A côté, une presse à huile pour les noix, le colza, etc.

Revenons aux terres. Les difficultés ordinaires de la transition de l'assolement triennal à un autre plus productif se compliquaient chez M. de Monseignat de l'annexion continue de terrains neufs, à comprendre dans le système général d'exploitation, à mesure qu'ils devenaient aptes à y fonctionner. Comme pour but, au moins provisoire, de ses efforts, il adopta la rotation quinquennale suivante :

Première année. Récoltes sarclées (pommes de terre, turneps, betteraves, carottes, rutabagas, colzas, légumes, etc.).

Deuxième année. Céréales de printemps.

Troisième année. Trèfles.

Quatrième année. Céréales d'hiver.

Cinquième année. Selon l'état des terres, jachère morte ou récolte d'un fourrage hâtif. C'est l'année des labours profonds, du chaulage, des épierrements, du drainage, etc. 16 hectares sont fumés annuellement.

Cet assolement donne sur cinq années deux et le plus souvent trois récoltes fourragères. En tenant compte des conditions agricoles et commerciales du milieu ambiant, on aperçoit l'époque où il faudra probablement leur faire encore une plus large part : les chemins de fer pénètrent déjà au cœur du pays, et y apportent des grains et des farines à des prix qui étouffent la concurrence locale : en retour ils ouvrent aux bestiaux indigènes de nouveaux et certains débouchés.

Pour la façon des terres M. de Monseignat emploie la charrue à versoir. Un araire trace les raies d'écoulement là où elles sont encore nécessaires, ce qui, depuis le drainage, devient de plus en plus rare. Un coup de herse est donné après chaque labour. La semence de céréales, préparée au sulfate de cuivre, est enfouie à la herse sur labour à plat. Au printemps toutes les céréales reçoivent le rouleau, opération fort utile après les rudes hivers, et qui sert à recouvrir la graine de trèfle dans les céréales. Les froments sont coupés un peu sur le vert, les seigles plus mûrs. Les moyettes ont très-bien réussi.

Les pois, les haricots, la graine de betteraves, de carottes, de rutabagas, sont semés à la main, mais avec une rapidité qui approche de celle qu'on obtiendrait au semoir, et avec une régularité irréprochable. Le rouleau, plus ou moins chargé, selon la ténacité du sol, passe d'abord traîné par les vaches. A ce rouleau est fixé le rayonneur; des femmes, des enfants répandent la semence dans les raies tracées; deux hommes la recouvrent à l'aide d'un râteau en fer, en allant à reculons, et prenant quatre raies chacun. Un premier binage est fait à la houe à la main, un second à la houe à cheval. On est arrivé à donner à façon le binage à la main, innovation que rendent précieuse l'insuffisance fréquente et l'instabilité de la population rurale qui travaille à la journée. — Le rayonneur sert également à marquer les lignes pour la transplantation du colza et de la betterave, quand on ne peut transplanter à la charrue.

Les divers instruments employés dans la ferme sont, outre les charrues à versoir (entre autres la charrue Grignon, petit modèle), les herses Valcour, le rouleau en bois qui se charge suivant les terrains, le grappin à age brisé, l'extirpateur à cinq dents, le petit semoir à poquets (du comte d'Abadie), le rayonneur à quatre dents, la houe à cheval, la machine à battre de Lotz, le trieur Vachon, le trieur Pernolet. — Une charrue de très-forte dimension, moitié belge, moitié Roville, défonce, travail qui exige des précautions particulières, à raison du sable d'une qualité détestable qui forme la couche inférieure du sol, et qu'il faut éviter de mêler avec la bonne terre supérieure, et encore à cause du roc vif, le gneiss inattaquable, qui est la formation constitutive du ségala.

Les bandes longues et étroites de prairies qui occupaient le fond des vallées ont été soumises, comme les champs, à un système suivi d'améliorations. M. de Monseignat se contenta d'abord de les sillonner de rigoles, ajournant à des temps où il aurait moins à faire, les drainages, les fumures, les engrais et les amende-

*ments ; et préférant créer, sur des terres plus favorables, des prairies toutes neuves, il faucha les parties les moins mauvaises, utilisa les autres tant bien que mal pour pâturages. Quand vint le moment où il put et voulut y porter son action, il en fut empêché par le projet d'amener dans la ville de Rodez des eaux qui devaient en partie être empruntées aux sources qui entretiennent l'humidité des terres de Cluzel : l'assainissement des prairies du domaine pouvait en résulter de lui-même. Après de longues années d'indécision, ce projet a été exécuté il y a quatre ans (1), et une partie des eaux qui coulaient dans les prés bas du Cluzel a été en effet détournée, mais non pas en quantité suffisante pour les assainir. Il faudra donc en venir aux grands moyens. Une partie de ces bas-fonds, trop difficiles à corriger, sera recouverte par les eaux de bassins successifs destinés à des essais de pisciculture entrepris sur une grande échelle. Le reste est soumis dès à présent à une irrigation régulière, au moyen d'eaux de sources ou d'eaux de drainage, retenues dans des bassins nombreux que M. de Monseignat a presque tous fait construire (2). Aux rigoles en pente il

(1) La conduite des eaux à Rodez, par un aqueduc qui a plus de 25 kilomètres de développement, est un des plus remarquables exemples des services que la science peut rendre à la pratique. Sans tradition locale, sans indication écrite, éclairés seulement par des débris archéologiques, quelques hommes intelligents devinèrent que les Romains avaient amené l'eau à Rodez, et ils ont réussi à l'y ramener. (*Note de M. Jules Duval.*)

(2) Voir page 53. (*Note de l'éd.*)

a substitué les rigoles de niveau, pratique tout à fait nouvelle dans l'Aveyron. L'herbe est coupée bien avant l'époque ordinaire du pays, en vue de ne pas la laisser passer
à l'état de paille par la fructification des graines.

En exécution d'un plan formé de longue date, on
défriche tous les ans 1 ou 2 hectares de vieux prés,
qui, après une culture de plusieurs années, sont
remis en prairies formées d'un mélange de ray-grass,
de trèfle ordinaire, de minette, de trèfle mélangé dans
lequel domine la houque laineuse.

Toutes ces réformes, au Cluzel, comme dans toutes
les fermes de l'Aveyron, profitent surtout au cheptel
vivant. M. de Monseignat entretient douze à quatorze
bœufs de travail, selon les besoins variables de l'exploitation. Les vaches sont en outre chargées de plusieurs travaux faciles; elles hersent les terres légères,
roulent les blés, sortent les fumiers des étables, portent les fougères, les pailles qui doivent servir de litières, tournent la machine à battre, le moulin à
cidre, etc. Ces animaux sont presque tous de la race
d'Aubrac, ardente au travail et assez peu exigeante sur
le choix de la nourriture. Ces animaux, attelés au joug,
travaillent au moins huit heures par jour. Pendant
l'été, on fait deux attelées pour laisser les bœufs manger et se reposer au plus fort de la chaleur.

Les vaches sont en outre, au Cluzel, essentiellement
des animaux de rente par la vente des veaux pour la
boucherie. M. de Monseignat ne fait pas d'élèves, spéculation qu'il laisse aux cultivateurs placés loin des

centres de consommation, et pouvant livrer à la dé-
paissance de vastes pacages dont aucun intérêt présent
ne sollicite la transformation. Le propriétaire du Cluzel est dans d'autres conditions. Placé non loin d'une
ville, il trouve que la vente des veaux est ce qu'il y a
de plus lucratif pour lui. Il les vend de 0 fr. 60 c. à
0 fr. 70 c. le kilogramme, poids vif, ce qui les porte
au prix de 70 à 100 francs. Si on ajoute le lait que
donne la vache une fois le veau vendu, plus le travail
qu'elle exécute et le fumier qu'elle laisse, il ne paraît
pas qu'il y ait, pour la situation donnée, de meilleure
spéculation.

M. de Monseignat a essayé de l'élève du cheval ;
mais cette industrie, que surexcitaient des primes, lui
a paru peu fructueuse, et il l'a ralentie successivement pour y renoncer tout à fait.

Les bêtes à laine ont été au contraire l'objet des
efforts les plus persévérants. La race du ségala est
haute sur ses jambes, étroite du thorax ; elle a la tête
forte relativement au corps. Ces défauts se perpétuent
et se fixent par l'habitude qu'ont prise les propriétaires
d'élever la taille par l'accouplement de leurs brebis
avec les béliers du causse, fort mauvais étalons pour
un pays où la nourriture n'est ni substantielle ni abondante. Voulant procéder autrement, M. de Monseignat
s'appliqua d'abord à obtenir des agneaux, par le choix
des plus belles brebis portières ; ils furent passables
pour le pays, mais bien défectueux encore. — Il avisa
alors les brebis dites *quercines*, petites bêtes qui arri-

vent sur les marchés venant des parties les plus maigres des cantons de Réquista, de Sauveterre, de la
Salvetat et des terrains qui séparent l'Aveyron du Tarn.
Dans ces animaux d'une conformation irréprochable et
dont la laine seule laisse à désirer, M. de Monseignat
crut avoir trouvé le noyau d'un troupeau perfectionné.
Ces brebis prospérèrent à merveille sur les pâturages
du Cluzel, qui, malgré leur pauvreté, valaient mieux
encore que ceux dont elles avaient l'habitude. Mais il
avait compté sans les acheteurs, qui ne voulurent à
aucun prix de ses agneaux : ils étaient trop petits ! —
Il se tourna alors vers les béliers du Larzac ; même
échec. Les produits furent encore trouvés trop bas de
taille, et, de plus, la race de Larzac qui a gardé du
mérinos, avec lequel on l'a croisée, un fanon assez
prononcé, déplaît par cela seul.

Las de chercher dans le pays un type améliorateur,
M. de Monseignat poursuit maintenant des essais sur
la race charmoise.

Dans l'élève des porcs, il s'est heurté contre les
mêmes préjugés en faveur de la grande taille, mais il
en a plus vite triomphé. Le porc du ségala lui paraissant d'un type très-imparfait, il fit venir de Grignon, il y a plus de quinze ans, un verrat et des
truies de la race hampshire, les premiers venus dans
le pays. Ne pouvant spéculer sur des produits pur sang
qui eussent infailliblement été jugés trop petits, il les
croisa avec la race indigène, et put vendre les métis
avec succès. Il a depuis adjoint les new-leicester aux

hampshire et continué les croisements, sans pouvoir toutefois déterminer des imitations.

La basse-cour présente aussi une population de cent cinquante à deux cents poules du pays, mêlées avec les cochinchinoises, les brahma-poutra, les crève-cœur, les houdan, etc. On élève en outre plus de cent dindons, une centaine de canards, une trentaine d'oies, etc.; ressource importante pour la ferme et la maison du maître.

Les fumiers provenant des animaux de toute espèce sont l'objet de la sollicitude la plus vigilante. Celui des bêtes à laine est toujours porté sur les champs au sortir de la bergerie. Les autres fumiers, lorsqu'on ne les met pas immédiatement en terre, sont placés sur plate-forme un peu inclinée dont le fond est une roche horizontale et imperméable. Les eaux s'écoulent dans un récipient d'où elles sont rejetées sur la masse quand le besoin s'en fait sentir, ce qui n'arrive pas du reste très-fréquemment. Sous le ciel froid et humide de l'Aveyron, les fumiers, quand ils sont bien établis, étendus uniformément, non par grosses mottes, se dessèchent difficilement ; une fermentation régulière s'y produit, et ils se conservent en bon état, sans avoir besoin d'être souvent arrosés. Près des portes et en dehors des écuries, de petits fossés reçoivent les urines que n'ont pas absorbées les litières et où l'on jette toutes les balayures des cours. Un filet d'eau claire arrive à volonté dans une grande fosse à purin, y délaye les matières et de là va se répandre dans une prairie située au-dessous. M. de Monseignat accroît la masse de ses fumiers par les feuilles de noyer et de châtaignier, les fougères, les bruyères qu'il fait recueillir en grande quantité.

Ce vaste système d'améliorations foncières et de soins zootechniques, lié dans son ensemble et suivi dans ses détails, se complète par les soins donnés aux bois, aux plantations, aux chemins, aux clôtures.

Les bois de Cluzel étaient dans un état déplorable : on coupait les taillis à hauteur d'homme. Dans les souches, que chaque coup marquait de larges entailles béantes, pénétrait l'eau de pluie qui, en un temps donné, pourrissait le pied et l'empêchait, en attendant, de produire autre chose que quelque maigre perche. M. de Monseignat a recepé toutes ces vieilles souches à quelques centimètres au-dessus du sol, ayant reconnu qu'elles périssaient presque toutes si on les coupait entre deux terres. Quelques souches ont bien encore péri; mais celles qui restent pouvant se fournir davantage remplaceront suffisamment les absentes. Le bois est coupé tous les dix-sept ans environ. Il est vendu à Rodez, au prix de 18 francs le char, équivalant à peu près à 2 stères. Les fagots, qui coûtent $0^f,02$ de façon, sont vendus à $0^f,10$ et $0^f,12$. M. de Monseignat s'appliqua à reléguer les châtaigniers dans les pentes qu'il est toujours peu profitable et souvent dangereux de cultiver : c'est une intelligente réaction contre d'anciens édits qui avaient rendu franc-alleux certaines terres, par cela seul qu'elles étaient plantées en châtaigniers, ce qui avait multiplié ces arbres sur des terrains d'une qualité relativement bonne et d'une culture facile par suite de leur peu de déclivité.

En compensation il a fait de vastes plantations sur des terrains en pentes, sans compter les arbres fruitiers à proximité de la ferme. Il a bordé d'arbres et de haies tous ses chemins. Sur d'autres propriétés à lui appartenant il a planté beaucoup de mûriers qui lui ont permis de conserver, lui presque seul, la sériciculture aux environs de Rodez. Il a fait des éducations de 20 à 25 onces.

A son entrée au Cluzel il n'existait pas de chemin praticable, et l'on ne pouvait atteindre la route impériale qui conduit au marché de Rodez. Grâce aux voies qu'il a ouvertes, élargies, empierrées, ses attelages y apportent maintenant des chargements complets de bois, de chaux, de fumier, etc. Les murs de clôture ont été de même relevés ou construits avec les pierres enlevées aux champs.

Résultats. Comme expression finale des progrès accomplis, M. de Monseignat entretient sur son domaine du Cluzel les animaux suivants :

		Têtes de gros bétail.
Bœufs de travail...................		14
Vaches		30
Veaux	30 =	2
Brebis portières, agneaux, brebis d'engrais......................	300 =	30
Béliers...........................	5 =	1
Porcs	25 =	5
Porcs à l'engrais.................	15 =	10
Chevaux		7
Total............		99

En fait de gros bétail, il y avait à l'origine 3 paires de bœufs, 5 vaches, 1 veau et un 1 jument. Le Cluzel comprenant aujourd'hui 130 hectares en terres arables ou en prés et pâturages, la célèbre formule : « Une tête de bétail par hectare, » n'est pas encore atteinte ; mais on en approche singulièrement si l'on veut bien considérer que 30 hectares viennent seulement d'être mis en culture, ce qui autoriserait à ne les compter que pour 10, et réduirait la surface à 110 hectares nourrissant 99 têtes de gros bétail. D'un autre côté, la population du bétail eût été plus considérable sans la grêle qui détruisit en partie, il y a deux ans, les maïs en fourrages, les trèfles, les betteraves, les carottes, la moutarde blanche, le sarrasin, etc... Il est enfin juste de remarquer que ce résultat est obtenu sans envoyer les vaches et les troupeaux sur les montagnes d'Aubrac et de la Guiole, comme font la plupart des propriétaires du causse ; tout est nourri sur place.

Quant aux résultats financiers (1), les éléments me manquent pour les préciser. On a vu que M. Vesin déclarait, dès 1842, que M. de Monseignat avait triplé la valeur d'une masse considérable de terres improductives ; que M. Rodat reconnaissait que des terres

(1) M. Jules Duval, n'ayant pu visiter les fermes des concurrents, a dû leur demander des notes pour compléter les données de son travail, et c'est ce qui explique le désaccord existant entre quelques-unes de ses indications et celles du Cultivateur du Causse. Or, que les renseignements fournis à M. Jules Duval par le propriétaire du Cluzel se taisent complétement sur le résultat financier de l'exploitation, c'est là un détail qui ne peut plus nous étonner, mais qui mérite d'être signalé. (*Note de l'éd.*)

payées 200 francs l'hectare en valaient 1,200 francs. Il n'y a donc rien que de très-probable dans l'affirmation de M. le comte d'Ussel, fondée, déclare-t-il, sur une comptabilité régulière en partie double, que les revenus du domaine du Cluzel sont aujourd'hui triples de ce qu'ils étaient à l'origine. Cependant cette affirmation a trouvé de nombreux incrédules dans le pays, non précisément dans ses termes propres, mais parce qu'on suppose assez généralement que ce résultat n'a été atteint qu'à l'aide de capitaux considérables, dont la fortune personnelle de M. de Monseignat lui a permis de disposer, et qui doivent être ajoutés à la valeur primitive du Cluzel pour juger si le revenu est en effet triplé, ou augmenté même dans une proportion quelconque. C'est un débat dans lequel nous n'avons pas à intervenir, mais qui nous laisse néanmoins cette impression que les rapporteurs du Jury feraient sagement d'appuyer de détails justificatifs les appréciations financières qui influent sur leurs décisions. Sans mettre à nu le secret des fortunes (et le mieux serait peut-être d'en finir avec ces sortes de secrets que l'opinion publique juge toujours en mal), un jury doit toujours obtenir et il peut fournir assez d'indications, authentiques et précises, pour ne pas s'exposer à des démentis aussi catégoriques que ceux qu'il a reçus dans la présente circonstance, et qui s'appuient sur une sorte de notoriété, fondée ou non. Nous croyons que les candidats eux-mêmes feraient sagement de ne laisser à personne le soin d'éclairer leurs concitoyens, aussi bien que leurs juges, sur les résultats financiers de leur agriculture. Il n'y aurait rien de déshonorant, ni même de compromettant au point de vue de la prime d'honneur, dans l'aveu que la jeunesse, l'inexpérience, l'entraînement du zèle, ont fait faire quelques coûteuses écoles ; que dans un amour, plus passionné que calculateur, du progrès agricole et du bien public, on a mis à profit les ressources d'une grande fortune pour hasarder des innovations que de moins riches ne pouvaient se permettre et qu'on n'y a pas toujours eu la main heureuse. Si, en somme, de bons exemples ont été donnés par un grand nombre de tentatives importantes et utiles, et si la ferme proposée au concours présente aujourd'hui un système irréprochable et lucratif d'exploitation, un jury intelligent passera toutes ces fausses dépenses au compte de Profits et Pertes ou à celui de Frais généraux d'établissement, à amortir à long terme, ou enfin à celui des Améliorations foncières ; et les esprits bienveillants en feront honneur au patriotisme du candidat.

En résumé, M. de Monseignat, insistant moins sur ses bénéfices que sur ses travaux, invoquait, pour obtenir la Prime d'honneur, les opérations suivantes :

1° La mise en culture d'un domaine dont une grande partie ne pouvait être estimée primitivement plus de 200 francs l'hectare (plus d'un quart du domaine n'est pas imposé au-dessus de 0f,30 l'hectare), et placé dans des conditions climatériques les plus défavorables ; par où un exemple des plus utiles et des plus importants a été donné à une vaste étendue du pays. Ceci est le titre capital dont les autres ne sont que des applications partielles.

2º Défrichement de plus de 60 hectares de landes improductives.

3º Adoption d'un assolement régulier où entre pour les trois cinquièmes la culture des plantes fourragères.

4º Le drainage de 40 hectares, et le premier drainage dans l'Aveyron, selon les règles de l'art, par des tuyaux cylindriques.

5º L'introduction du chaulage dans le ségala, et le premier élan donné à la transformation de toute cette contrée, progrès incalculable dans ses résultats, et qui est en voie de s'accomplir sur la plus grande échelle.

6º La propagation des races d'animaux améliorés.

7º La plantation de vastes étendues de terrains en pente.

Telle est dans son ensemble et dans ses principaux détails l'œuvre agricole accomplie par M. de Monseignat, durant une période de trente ans. C'est à elle que le Jury a décerné la Prime d'honneur.

Ici finit mon rôle de témoin et d'historien, je pour-

rais dire de rapporteur. Mais qu'il me soit permis d'a-
jouter, à titre de considérations générales, que le département de l'Aveyron a révélé, en cette solennelle
circonstance, des progrès agricoles dont personne
peut-être au dehors ne soupçonnait l'importance. Di-
visé en deux grandes formations géologiques, les terrains calcaires (causses) et les terrains primitifs (séga-
las) que complètent dans les montagnes les terrains
volcaniques, dans les bas-fonds des vallées propres aux
vignes, il possède presque toutes les variétés de sol
cultivable, mais sous un rude climat qui impose à
l'homme une rude tâche pour améliorer les dons de la
nature. Les causses, favorisés par des terres plus riches
dans leur composition, ont plus vite atteint un niveau
élevé d'améliorations ; cependant ils n'ont présenté au
Concours aucune ferme, bien que plusieurs eussent été
honorées de la prime départementale, celles de Billorgues entre autres, et de Buzareingues : les enfants de
l'honorable général Tarayre et ceux de M. Girou se seront fait sans doute scrupule de revendiquer des travaux dont le principal mérite revenait à leurs pères : le
Concours régional y a perdu, car l'un des principaux
aspects de l'agriculture aveyronnaise est resté dans
l'ombre. Le ségala, où tout était à faire et qui peut
se glorifier non de simples perfectionnements, mais de
véritables révolutions accomplies en moins de trente
ans, aurait eu seul les honneurs du Concours, sans
M. Durand qui se trouve placé sur les limites des deux
zones.

Cette lutte mémorable, et qui a passionné au plus haut degré les populations, a constaté que dans l'Aveyron ce sont les grands propriétaires, souvent les plus haut placés par leur naissance et leur fortune, qui exploitent eux-mêmes leurs domaines, et nulle influence n'a été plus heureuse. Constitués depuis plus d'un demi-siècle en société d'agriculture, ils ont imprimé à tout le pays une impulsion puissante et intelligente, qui a rendu populaires, à titres de cultivateurs agronomes, unissant la pratique à la théorie, les noms de Rodat, Girou, Tarayre, Cabrières, Monseignat, Durand, Colrat et quelques autres. L'action de cette société a été d'autant plus efficace qu'elle a été plus libre de toute intervention administrative, autre qu'une allocation financière.

L'évolution capitale accomplie sous son influence a porté à la fois et sur les moyens et sur l'objet du travail agricole. Comme moyen de travail, la charrue de Roville a supplanté l'araire, l'*aratrum* primitif des anciens, bienfait inappréciable, et à la suite sont venus tous les instruments perfectionnés. En 1861, il n'y manque plus que les machines à faucher et à moissonner qui cette année, pour la première fois, se sont révélées au pays ; elles ne tarderont pas à s'y naturaliser. Comme objet de spéculation, les bestiaux sont en voie de supplanter les céréales, conformément à la vocation du pays, aussi favorable aux herbages par son humidité que défavorable aux grains. La race d'Aubrac, pour l'espèce bovine, est le grand agent de cette révolution. Pour l'espèce ovine, aucun type définitif n'est encore adopté, et peut-être les terrains sont-ils trop variés pour l'adoption d'un seul type ; mais la race du Larzac gagne, d'année en année, une faveur croissante dans les causses, en vue de la fabrication du fromage de Roquefort, car elle est éminemment laitière.

Le complément de ces progrès se trouve dans le chaulage des terrains primitifs et le drainage des terres humides qui se généralisent de plus en plus. Le plâtrage suit pour les terrains calcaires, mais beaucoup plus lentement.

Le résultat final, sous le rapport cultural, est d'une part la suppression de la jachère, avec l'assolement triennal qu'elle caractérise ; de l'autre, l'adoption d'un assolement libre, améliorant, alternant des céréales aux fourrages artificiels, tel que l'ont adopté depuis longtemps les pays les plus avancés, l'Angleterre notamment.

Dans cette voie de régénération presque intégrale du système agricole, quelques esprits d'élite ont ouvert la marche sans aucune sorte d'initiation officielle ; si l'administration a eu le bon esprit de récompenser le succès, elle ne lui a point tracé sa ligne, et c'est pourquoi il a été si remarquable et si fécond. Aujourd'hui, le département pour ainsi dire tout entier avance dans la même direction, à la lumière de ces exemples. En se dégageant de ses routines agricoles, l'Aveyron n'a pas seulement amélioré ses affaires et sa fortune, il s'est dégagé des routines économiques, qui lui montraient sa ruine dans la liberté du commerce des bestiaux, des laines, des grains. A cet égard, la conversion des esprits n'est pas en arrière de celle des terres, des récoltes, des instruments, des assolements. C'est un double progrès que je me félicite d'avoir à constater à l'honneur de mes compatriotes, et dont le Concours régional de 1861 a été une solennelle consécration.

JULES DUVAL.

Tout en étant et voulant rester étranger au débat qui a inspiré le présent écrit, j'ai cru pouvoir ratifier l'autorisation qui avait été accordée par le *Journal d'Agriculture pratique*, de reproduire mon compte rendu du Concours de Rodez. J'y ai vu l'occasion de renouveler un témoignage de haute et sympathique estime envers les cultivateurs aveyronnais, ce qui me fait toujours plaisir. En outre, la condition de reproduire *in extenso* l'article qui expose les titres de M. de Monseignat ayant été acceptée avec un loyal empressement, il m'a paru que ce rapprochement tempérait ce qu'il peut y avoir d'excessif dans la critique dirigée contre le lauréat, et que du contraste des récits se dégagerait l'impartiale vérité, seul intérêt que j'ai dans toute cette affaire. J. D.

TABLE DES MATIÈRES.

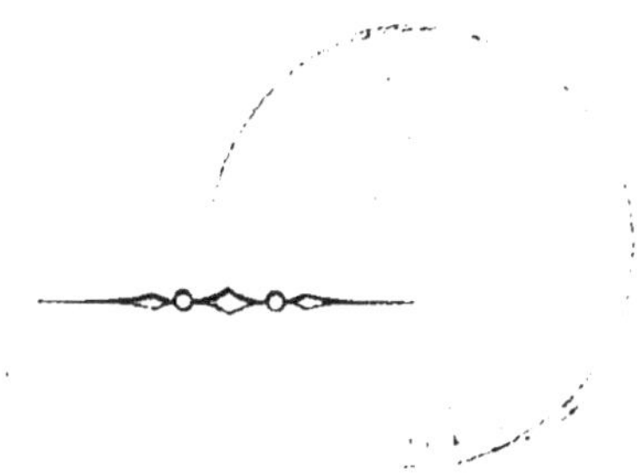

PARIS. — IMPRIMERIE CENTRALE DE NAPOLÉON CHAIX ET Cᵉ, RUE BERGÈRE, 20 — 1912